第十八届中国室内设计大奖赛
优秀作品集

A COLLECTION OF GREAT WORKS FOR

18TH CHINA INTERIOR DESIGN GRAND PRIX

中国建筑学会室内设计分会　编

江苏凤凰科学技术出版社

图书在版编目（CIP）数据

第十八届中国室内设计大奖赛优秀作品集 / 中国建筑学会室内设计分会编. -- 南京：江苏凤凰科学技术出版社, 2016.7
ISBN 978-7-5537-6430-6

Ⅰ. ①第… Ⅱ. ①中… Ⅲ. ①室内装饰设计—作品集—中国—现代 Ⅳ. ①TU238

中国版本图书馆CIP数据核字(2016)第120190号

第十八届中国室内设计大奖赛优秀作品集

编　　者　中国建筑学会室内设计分会
项目策划　凤凰空间/曹　蕾　石　磊
责任编辑　刘屹立
特约编辑　石　磊

出版发行　凤凰出版传媒股份有限公司
　　　　　江苏凤凰科学技术出版社
出版社地址　南京市湖南路1号A楼，邮编：210009
出版社网址　http://www.pspress.cn
总 经 销　天津凤凰空间文化传媒有限公司
总经销网址　http://www.ifengspace.cn
经　　销　全国新华书店
印　　刷　北京盛通印刷股份有限公司

开　　本　965 mm x 1270 mm　1 / 16
印　　张　19
字　　数　152 000
版　　次　2016年7月第1版
印　　次　2016年7月第1次印刷

标准书号　ISBN 978-7-5537-6430-6
定　　价　328.00元（精）

本书收集了中国建筑学会室内设计分会 2015 年举办的第十八届中国室内设计大奖赛各类获奖作品。全书内容包括工程类作品（酒店会所类、餐饮类、休闲娱乐类、零售商业类、办公类、文化展览类、市政交通类、教育医疗类、住宅类）、方案类作品、新秀奖作品及入选奖作品。

本书可供室内设计、建筑设计、环艺设计、景观设计等专业设计师和院校师生借鉴参考。

大赛评委

崔华峰
崔华峰空间设计顾问工作室创始人

布迪漫
新加坡空间与室内设计协会会长

高超一
金螳螂设计总院设计总监
高超一工作室主持

王黑龙
深圳市黑龙室内设计有限公司设计总监

孙 云
杭州内建筑设计有限公司合伙人、设计总监

杜 异
清华大学美术学院副教授

目录

工程类

酒店、会所类

TUVE 010
SONG'S CLUB 016
桔子水晶酒店 020
补天 024
晃岩 · 53 精品酒店 028
微派艺术馆 032

餐饮类

SILVER ROOM 036
葫芦岛食屋私人餐厅 040
CHANCE 餐厅 044
中信汤泉紫苑汤泉茶馆 048
SOSO. 咖啡吧 052
煜丰美食 056

休闲娱乐类

珠海莲邦广场销售中心 060
TIME PAPTY 064
几木咖啡馆 068
悦读书吧 072

零售商业类

PINKAH 品家展厅 076
空间与时间的对话 080
FreshT 优鲜馆（万象城店） 084
生活大师家具体验馆 A 馆 088
恒福三达路商务办公售楼中心 092
EACHWAY 服装品牌风格标准店 096
FORUS 100

办公类

无界 104
当弧线遇到留白
——华安置业办公设计 108
峰尚设计办公室 112
广州南航大厦室内设计 116
阳光上东 NM DESIGN 办公空间 120

文化、展览类

苏州市喜舍文化机构设计 124
ON OFF PLUS 128
素 132
青岛即墨古城展示馆 136
遵义海龙囤遗址展示中心改造 140

住宅类

壹方中心 · 玖誉样板房 144
窗映窗 148
宽心好居 152
英伦水岸 2 号别墅 156
净 · 墨 160
凯旋花园公寓设计 164
静 · 居 168

方案类

概念创新类

SKY PARK 174
领地健身俱乐部 178
郴州矿博会精品展馆方案设计
——矿石邂逅 182
翰墨兮影 186
筑室 188
唯漫时光
——华夏御府 A6 地块别墅样板间 192
揽素 196
墨言 200
兰州城市规划展览馆 204
游园追梦 208

文化传承类

知入 212
素禅 216
墨言 220
叶禅赋 224
二十年 · 吾舍 228
上善东方 232

生态环保类

后院 236
在水一方 240

入选奖

酒店、会所类

江西宜春江湖禅语销售中心 244
折面——世纪英豪健身会所 244
深圳得一轩会所 245
西安盛美利亚大酒店 245
时光里销售体验馆 246
齐齐哈尔楼盘销售会所 246
上海 9 号会所 247
谦雅居——嘉华嘉爵园样板房 247
浅田会馆 248
舍尘 248

餐饮类

壹粟 · 素餐厅 249
茶马谷道精品山庄 249
女王陛下英式奶茶 250
竹里居——莞香楼餐厅 250
禅茶一味 251
井塘港式小火锅 251
OMG（欧买嘎）音乐餐吧 252
随性 252
兰舍餐厅 253
深圳茶室 253
小城故事，复古情怀 254
云小厨餐厅 254
澳门制造餐厅 255
左邻右里餐厅 255
余杭夏宴餐厅 256
苏州市香雪海饭店（玉山路） 256
本舍茶会所 257
D1 炉鱼 257
有嘢食 258

休闲娱乐类

余姚（囧）网吧 258
西安天阙俱乐部建筑外立面及室内设计 259

零售商业类

生活大师家具体验馆 B 馆 259
鹤壁朝歌利售楼处 260
云南昆明东盟森林 E1 户型样板房 260
铜锣湾广场甲级办公楼大堂 261
中德英伦联邦 B 区 24 号楼 04 户型示范单位 261
阳光里的样板房 262
小即是美 B 户型 承载生活印记的小住宅 262

办公类

中国南方工业研究院一期工程室内精装修设计 263
厦门照明设计中心办公室 263
归 · 朴——某空间设计事务所 264
世尊集团办公空间设计 264
自然 · 而然 265
新凯达大厦 265
三三建设匠人设计院 266
亿丰企业 266
Design Plus Office 267
杭州麦道置业办公空间 267
无中生有 268
来福士办公空间 268
广东观复营造办公室室内设计 269

文化、展览类

摩曼壁纸布艺生活馆 269

市政、交通类

港珠澳大桥东西人工岛室内设计 270

教育、医疗类

圣安口腔专科医院 270
北京市第 35 中学 271
寓趣于“色” 271

住宅类

闲居安住 272
和光沐景，悠然自居 272
千云合 273
台北帝品苑 273
默 · 片 274
漫时光，悠生活 274
禅茶一体，勿忘初心 275
无为 275

概念创新类

W Tree 276
Blueker 海洋主题咖啡馆 276
国宝银湖九溪 277
青岛东方影都大剧院室内设计 277
郑州万科运动会所 278
佛山季华大厦写字楼 278
归巢 279
苍白的爱丽丝 279
卓越 E ＋创客空间 280
天之手 280
…云上 281
时空 281
坐相 282
静域 282
雅昌艺术中心办公空间 283
瑞蚨祥世纪金源线下体验店 283
Jozoe 办公空间 284
尚筑 284
我所居住的地方 285
坦桑尼亚达累斯萨拉姆 MNF 广场 285
顺盟科技 286
翠 · 丛林 SPA 286

文化传承类

嘉道礼酒店室内外装饰设计方案 287
凝融 287
心空间 288
天门产业城展馆 288
无一物 289
观澜一品售楼处 289
安徽百戏城建设项目室内设计 290
蛹 · 艺术中心 290
青云艺术酒店 291
北大资源阅城书吧体验区 291
楚风 · 观隐 292
湖南省湘潭昭山古寺建筑外立面及室内设计 292
太原图书馆扩建项目 293
窥世 293
十方一念 294
雅境 294
归隐泉林 295
品书院 295
丽江大研月隐客栈 296
南通港闸万达电影城项目 296
窨乡映湘 297
包容与守望 297

生态环保类

小胜轩日式拉面馆 298
盒子世界 298
杭州素业茶苑 299
爱婴房月子中心 299
富阳花园 300
观澜听风 300
微城 301
嘉兴第一医院老年康复中心 301
中元国际工程设计研究院设计科研楼 302

新秀奖

汉军 · 五象一号空中体验馆 302
谧居 303
援蒙古残疾儿童发展中心 303

最佳设计企业奖 304

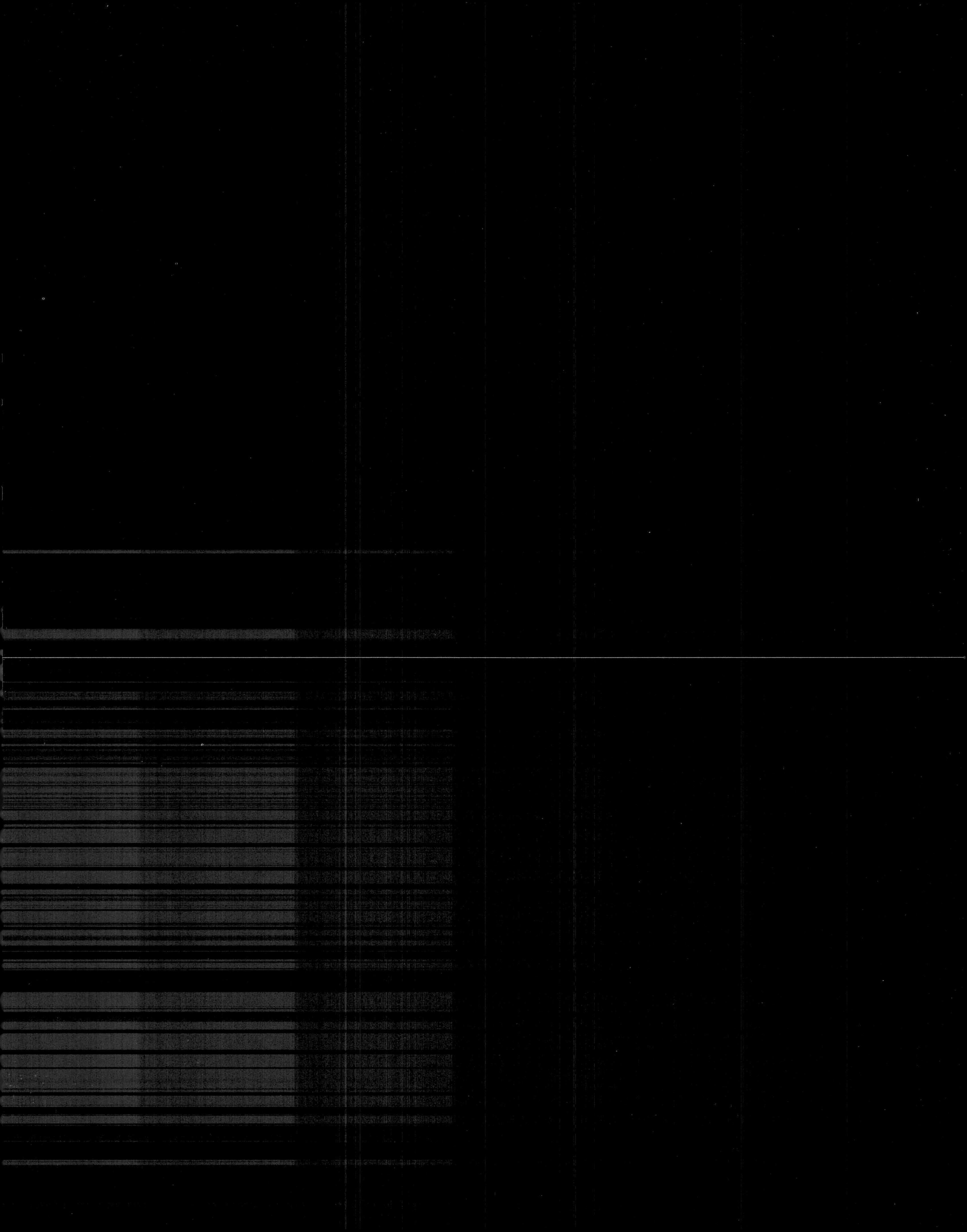

第十八届中国室内设计大奖赛优秀作品集

A COLLECTION OF GREAT WORKS FOR
18TH CHINA INTERIOR DESIGN GRAND PRIX

工程类

TUVE

A 酒店会所 Gold Award 金奖

设计单位：设计集人 Design Systems Ltd
设计团队：林伟明、王永健、朱慧丰、张星、钟建龙、方欢欢
项目地点：香港天后清风街 16 号
房间数目：66 间
客　　户：TUVE 酒店
摄　　影：Matteo Carcelli、设计集人 Design Systems Ltd
插　　图：郑静鹭
文　　字：李嘉玲

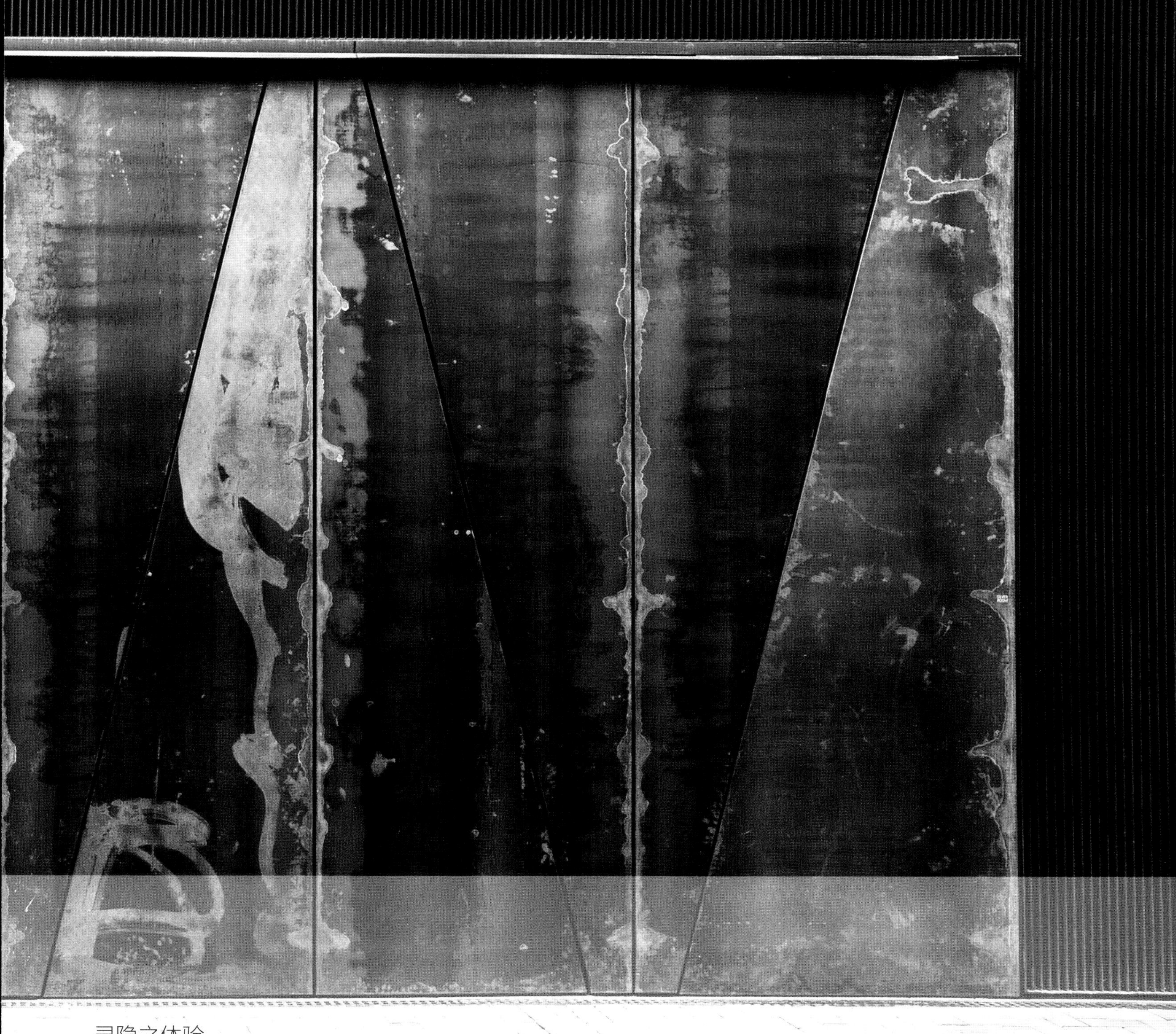

寻隐之体验

这座精品酒店以低调的姿态坐落于香港天后街，与铜锣湾只有一园之隔，既远离商业购物区的热闹繁嚣，又享信步之遥的便利。酒店所在地是地道的香港社区，附近有各式小餐馆、菜市场、旧区建筑、庙宇以及电车路沿途的港岛景观，尽显香港本土气息的一面。酒店旨在提供一个与众不同的宁静世界，旅客抵达后穿过大门，便能暂时忘却周遭的环境与生活的喧嚣。

从出发前接触的官方网站、社交媒体专页，至到酒店后的空间发现与留宿，整个酒店体验潜藏散发着酒店理念背后的美学与诗意——一种需要用心发掘和感受的隐约含蓄之美。

稀有，在于细致入微

这家精品酒店的创办人希望以稀有的特质令其酒店独树一帜。为此，我们重新审视“稀有”的意义。我们觉得“豪华”这个词语现在已经变得媚俗，所以我们摒弃了以价格高昂或具有异国特色的家具、物料建造一座豪华酒店的想法。将这家酒店的“稀有”之处体现在其“细致入微”的方面—— 一种超越表象的美。

物料的质感代表着各种各样的特性，组合起来就成为设计作品的性格。我们选用了一系列比较常见的材质，如混凝土、黑铁、黄铜、橡木、夹丝玻璃等，难度在于如何发挥它们自然的美态和释放设计的可能性。我们的方法是透过光线调度和运用特别手法处理物料表面，发掘纹理的可塑性。

光与细节，揭示隐约含蓄的美

光，是一种人类共通的设计语言，能牵动人心，引发共鸣，超越语言，无分国界。不论是自然光还是人工照明，都有益于展现材质的特征、纹理，或透亮反映，或掩蔽投影。在接待大堂里，白色大理石蜿蜒的天然纹路，与隔断墙身投射出的光影相间，交织出跃动淋漓的画面。而入口走道的玻璃纤维强化水泥 (GRC) 预制墙体，其错综的接合与细密的轮廓只有在地面泛出的光线映照下才清晰可见。

态度，是指我们的细部设计所蕴含的意念、手艺与性格。这座酒店所有的外露细部都是我们特别为此项目专门设计，每个角落都体现着酒店的细致入微。方寸之间尽显手工的痕迹，不经意地流露出每个细节的品性，纪录着它们的制作过程，并在与周遭材质和使用者的互动之中留下印记。就如接待柜台和洗手间的黄铜表面，使用的部分在日常接触的打磨下变得光洁如镜，其他的部分则因为不常触摸而氧化，在摩挲与荒芜之间慢慢勾勒出深刻的图案。整套细部，小至一个挂钩、一个门顶，都是为酒店量身定制的专属设计，我们希望以此表达酒店的体贴与细腻。

逐步揭开的发现之旅

整个设计不论在实体或心理层面上都可以说是静待旅客逐步揭开的旅程，进入一个空间犹如打开一扇门。这个开启、发现的仪式，是惊喜的一瞬、情感的萌发。我们为这个酒店探索之旅创造了一连串引人入胜的场景：从旅客到达酒店，穿过大门进入深邃的走廊，搭乘升降机来到接待大堂，然后来到透彻明亮的客房楼层，一幕幕的惊喜引领旅客到达探索之旅的目的地——房间。进门但见一个盒子伫立在中心，掀开盒盖后却是收藏着精美小馔和用品的柜子和书桌。旅客把每个空间与细节层层揭开，逐步领略酒店的缜密心思与含蓄美学，令旅居充满意想不到的发现。

我们希望通过严谨的设计，呈现酒店独一无二的气质与风度，为旅客带来发现的乐趣，以源源不绝的惊喜与感受塑造难忘的酒店住宿经验。

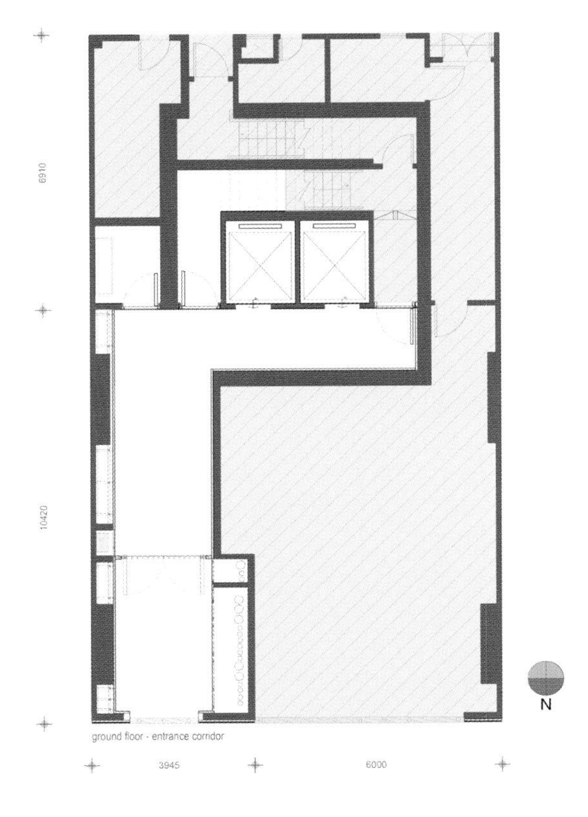

入口平面图

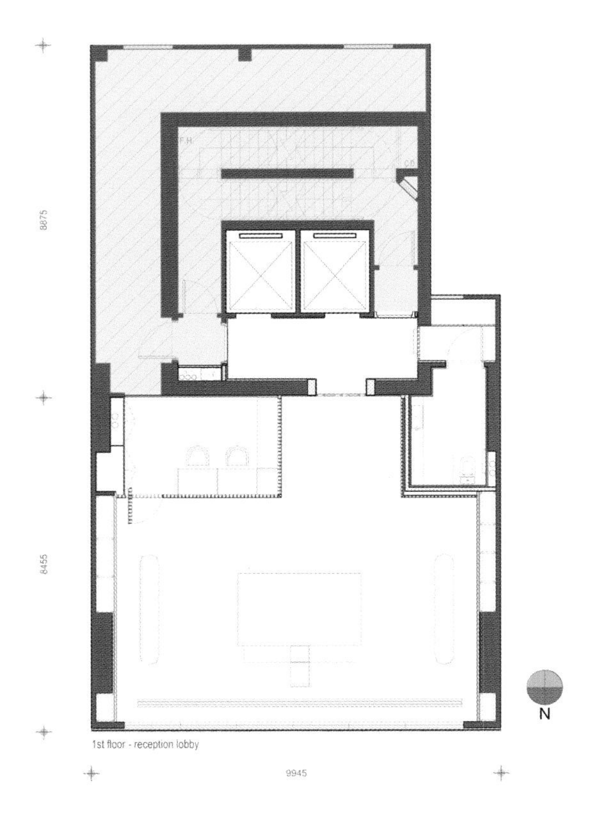

接待处平面图

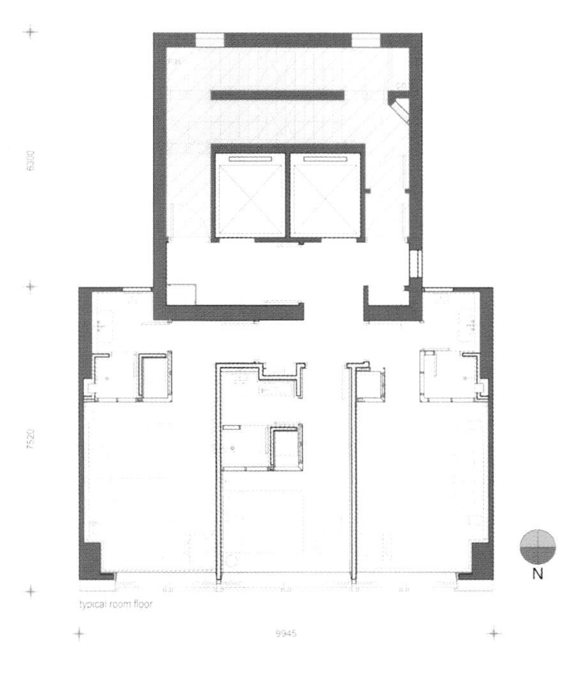

普通房平面图

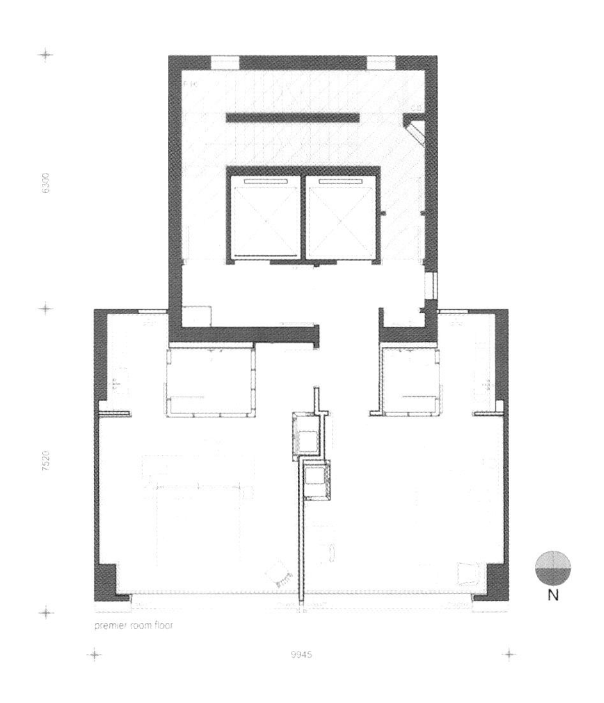

贵宾房平面图

SONG'S CLUB

A 酒店会所 Silver Award 银奖

设 计 单 位：RED 设计（Ray Evolution Design）
主 创 设 计：黄永才 (Ray wong)
参 与 设 计：王艳玲，王文杰
项 目 地 点：广州珠江新城
项 目 面 积：1680m²
主 要 材 料：GRG，铜片，电镀不锈钢，大理石，耐候钢，地毯，实木地板
摄　　　影：黄永才 (Ray wong)
殊 荣 连 接：2014-2015 年度美国纽约第 11 届（HOSPITALITY DESIGN AWARDS（酒店空间设计大奖赛）冠军奖

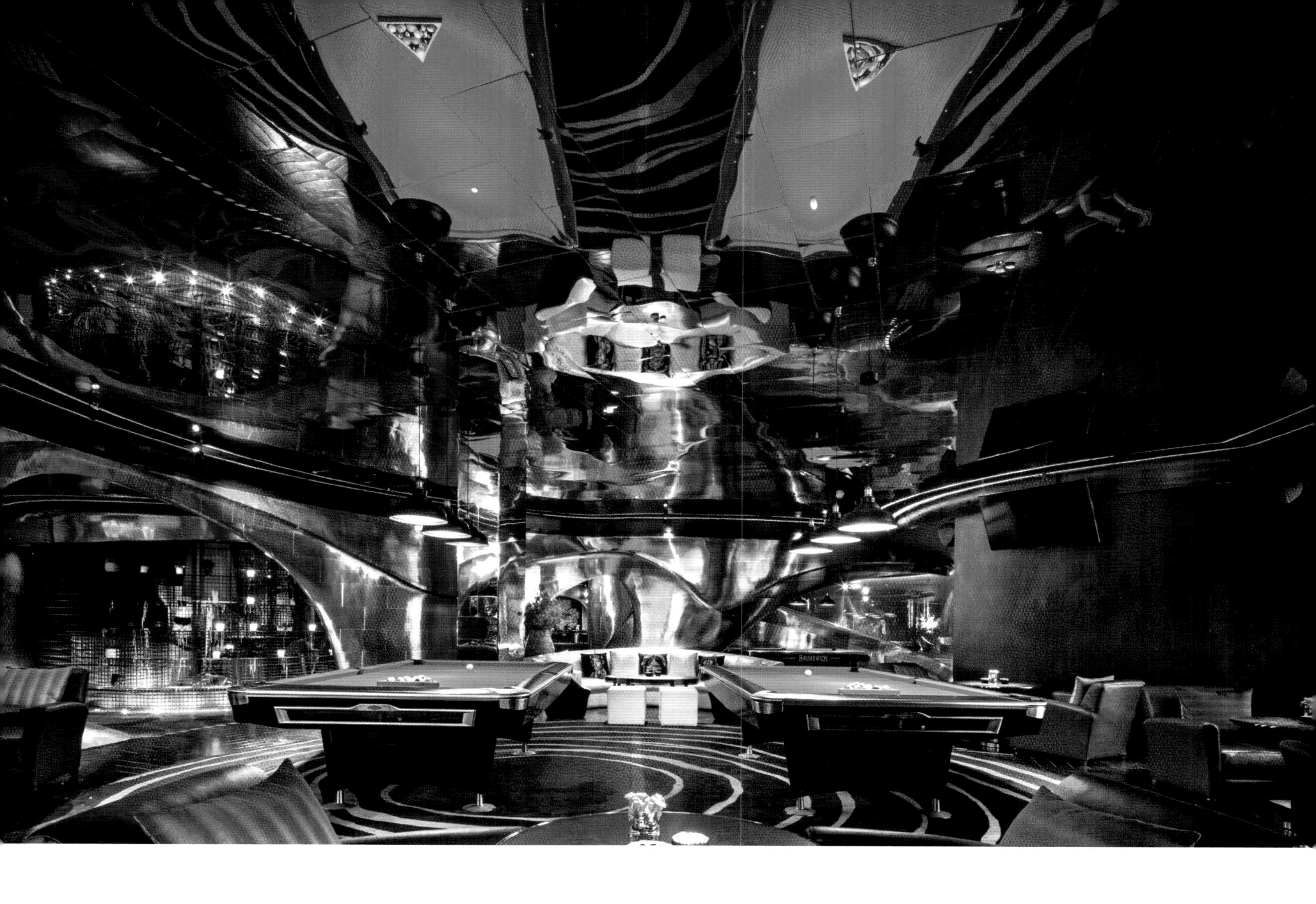

位于广州市 CBD 珠江新城兴盛路的“宋吧”是基于中国山水空间情趣以及时间与空间的叙事想象所设计的一个集娱乐休闲与餐饮功能于一体的场所。

由 GRG 塑造的形体所形成的不同围合以及互相渗透的空间是“宋吧”最显著的特点。GRG 的工艺技术使得围合的墙体如山体般流动，起伏。我们从中国传统的山水画中寻找古人对空间、艺术、诗意的向往，用现代的语言创造出形体不一的起伏“山墙”，围合出不同的界面模糊暧昧的空间，垂直线条相交的装置墙体在灯光下透着光影，如自然的树影婆娑，粗糙的材料与光滑的金属贯穿不同元素，使原始与未来的因素在一个空间发生碰撞。

“宋吧”用了先进的 GRG 技术来建造空间里最有张力的“山墙”，使得这些流畅起伏的、像国画里的山体一样的造型能在“宋吧”这个空间里组合起来，形成富有艺术感的空间。在这些 GRG 的流质形体上贴上金属的质感，使其更加具有现代的质感与场所的属性。空间里除 GRG 外不乏一些手工工艺制作的艺术元素，垂直线条相交的装置与“SONG”的 LOGO 金属板，都是一些手工制作的艺术装置。现代与原始的因素在碰撞着。

亚洲有着自己独特的文脉，这些基因不该被忽略或者遗忘。“宋吧”的设计也是我们对传统与现代的共性进行思考的结果。东方人对空间的理解，对诗意、自然、意境、对话的空间表达是有自己独特领悟的，如园林的一步一景，开合的设置，漏透的呈现。对于这些因素，我们尝试在现代的设计中寻找他们的共性与延展。

“宋吧”在广州 CBD 的酒吧街中以自己独特的姿态获得非凡的反响，在众多酒吧中以其独特性获得了广泛的关注，对细节及品质的关注与执著使得“宋吧”的品牌效应正在发挥着作用。创新、品质已经和“宋吧”融合在一起，使其在激烈的竞争中赢得不少市场份额。

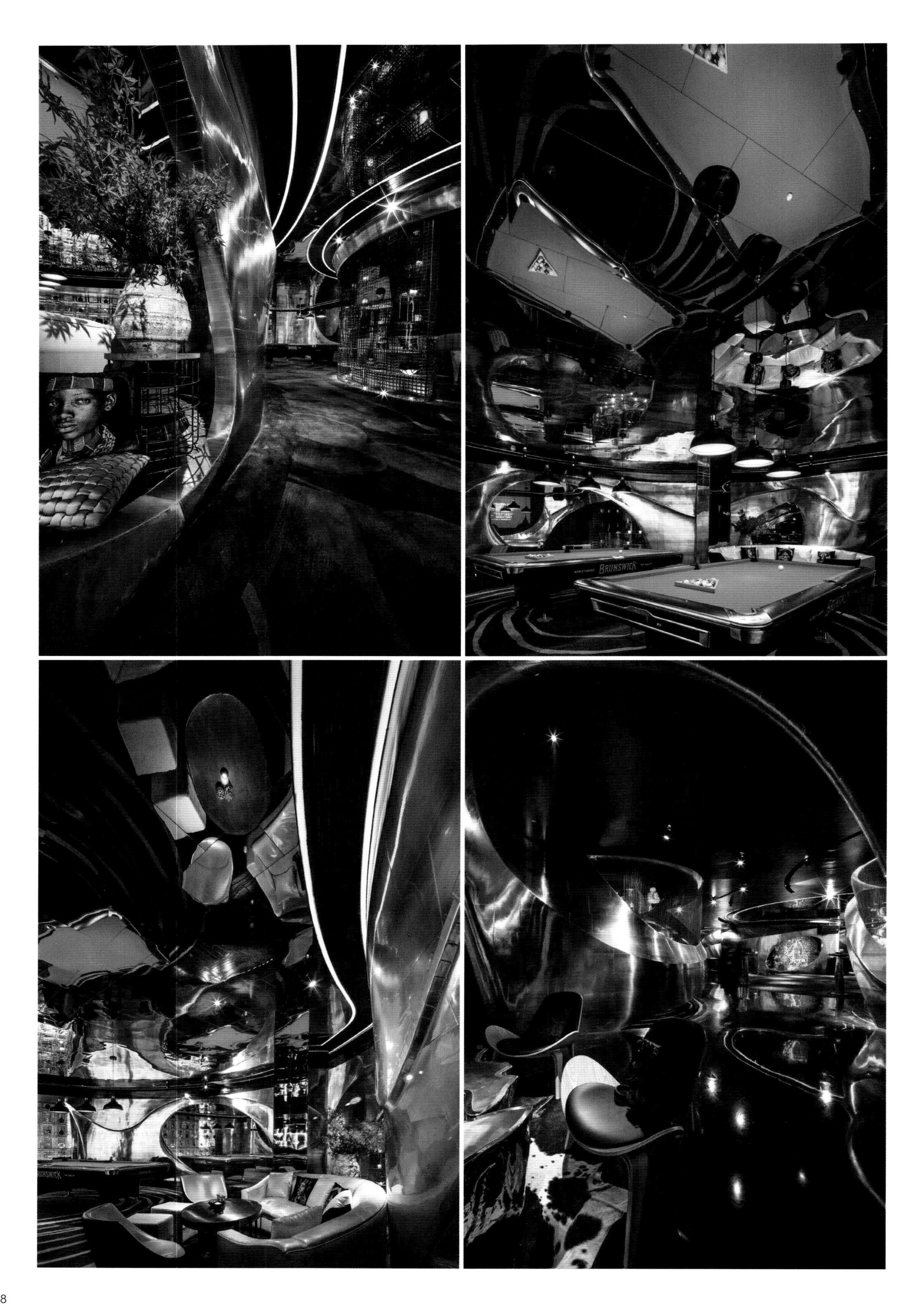
BRUNSWICK

01: Art Corridor
02: Enteroom
03: Booth
04: Reading Area
05: Main Bar
06: Rocket Table Area
07: Leisure&Dining Area
08: Secondary Bar
09: Table Games
10: Dart-game
11: Audio-Visual Room
12: American Pool-table
13: British Snooker
14: Toilet
15: VIP Room
16: Staff Room
17: Kitchen

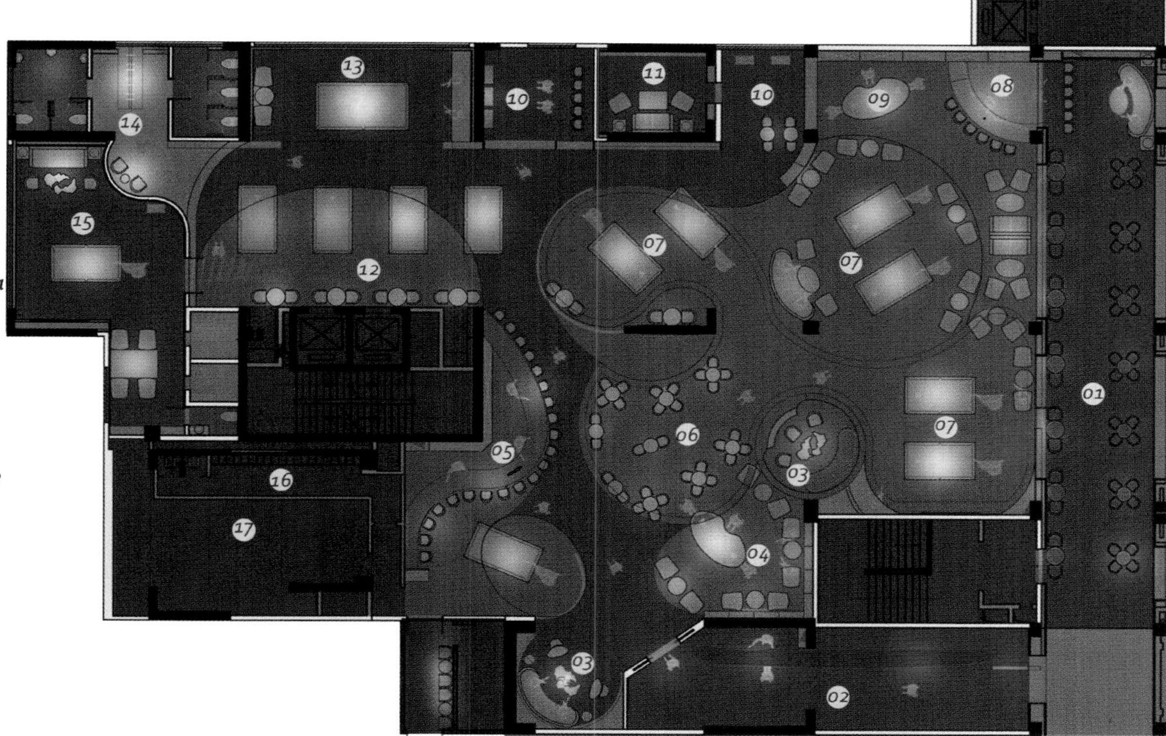

PLAN

平面图

柏子水晶酒店

A 酒店会所 Silver Award 银奖

设计单位：南京名谷设计机构
主创设计：潘冉
文　　字：八路

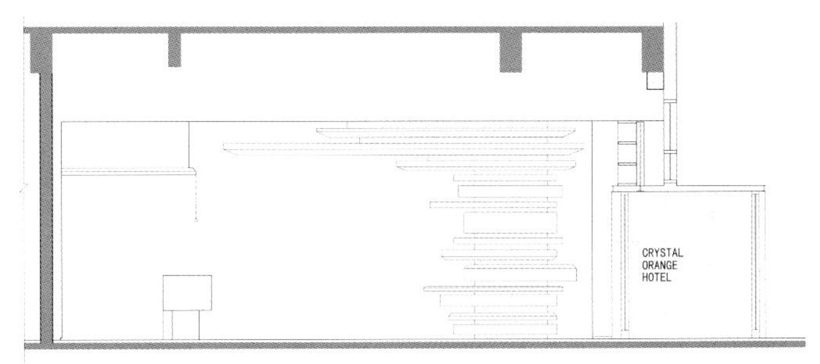

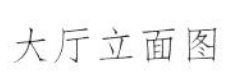
大厅立面图

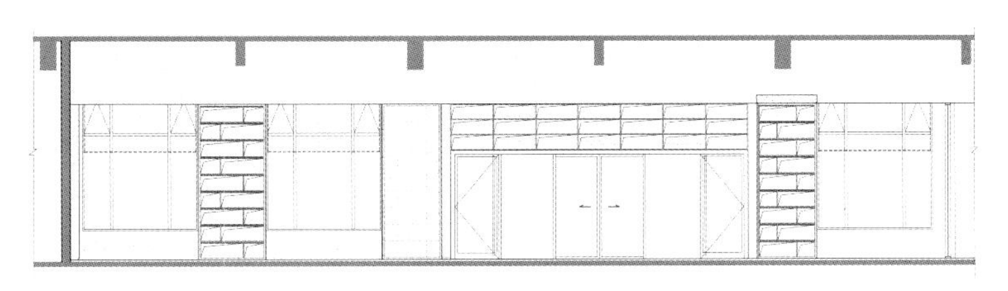

大厅立面图

桔子水晶酒店的大堂是整个酒店项目花费最多心力最后完成的部分。大堂的基础条件优越，拥有非常漂亮舒展的沿街界面、大面积的有效采光以及精美的花池景观。入口不远处，清澈的水流缓缓流淌，岸边生满芦苇花，夏季夜晚伴着点点萤火，诗一般浪漫。

大堂具备优越的临街界面，但是从建筑空间尺度整体上考量，进深稍显欠缺。进深短浅导致处理建筑内部与外界的关系时必须非常谨慎。设计师选择淡化内与外的界限，将自然界的元素采摘洗练，力求将空间保持在一种既开放又闭合的平衡状态。走过室外的芦苇丛，穿过门廊的芦苇意向，路过等待区高大的桔子树，走过总台背景上翩翩飞舞的蝴蝶，一直到垂直交通厅萤火再现。设计师用空间界面的层层叠加与反复咏唱为我们打造了一个定格的田园映像。为了使交通通而不畅，更有趣味感，又在门廊处稍微设置了一个小“障碍”。双重门廊组织人流从两侧绕行后汇聚在景观的中轴线上，颇有种中式影壁的味道，拉长了空间体验路径的同时在保温节能等方面也起了积极的作用。

作为酒店类建筑空间，除了本身常规的住宿餐饮等传统功能，可不可以同时作为心灵休憩的场所为路途中疲惫的旅人提供一个可以无事停留的地方？可不可以在尊重个人隐私的同时，在公共空间内塑造一个可以让人们围成一圈的“大客厅”？设计师认为有人情味的建筑，当是建筑原本应有的姿态。你有过在图书馆中办理入住手续的经历么？爱书之人定会欣喜若狂。等待的过程不再枯燥乏味，可以去桔子树下荡荡秋千，可以从墙面的书架上拿几本自己感兴趣的读物随手翻翻，或者可以选择对面的吧台，窝在沙发里听听音乐聊聊天。此时，大堂不仅保留了原本的使用功能，同时也成为了一个有温度的客厅；到了晚间，随着灯光、声响和主题的变换处理，它又可以变化成一个举办艺术、音乐等活动的小型空间，某种意义上用“文化沙龙”来定义可能更加准确。

在现代设计中，艺术与建筑的界限变得越来越模糊，室内空间设计由于具有相对灵活性，更具备将建筑艺术化的条件。在本设计中，设计师从几何学角度进行思考，将现实的藩篱形象化，将固有形态切割分解，利用形象的渐变、疏密的渐变配合思维的延续，以虚实渐变的手法打开空间延展性。随之形成了层层叠叠抽象的桔子树与品牌概念相呼应，叠加的元素向着上空延展，但水平方向仍然保持着流动感。严谨的空间构成配合巧妙的灯光处理、艺术家原创的雕塑、素描画作的植入，形成了一个由多种艺术手段共同打造的作品，并再次返回到现实中在入境者的体验中逐渐成型。材料上使用了穿孔铝板、清澈透明的钢琴漆面，形成冷暖平衡的环境色彩，星点成片的空间照明。环境温柔冷静，透彻人心。空间的叙事性得到了凸显，建筑似乎退到了艺术的背后，仿佛每一个灵魂的悸动是真正自主的。有一位入境者这样描述当

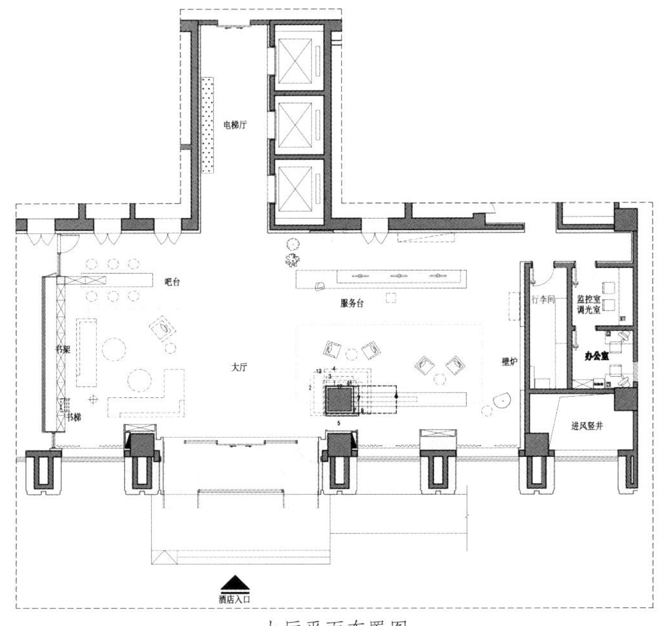

大厅平面布置图

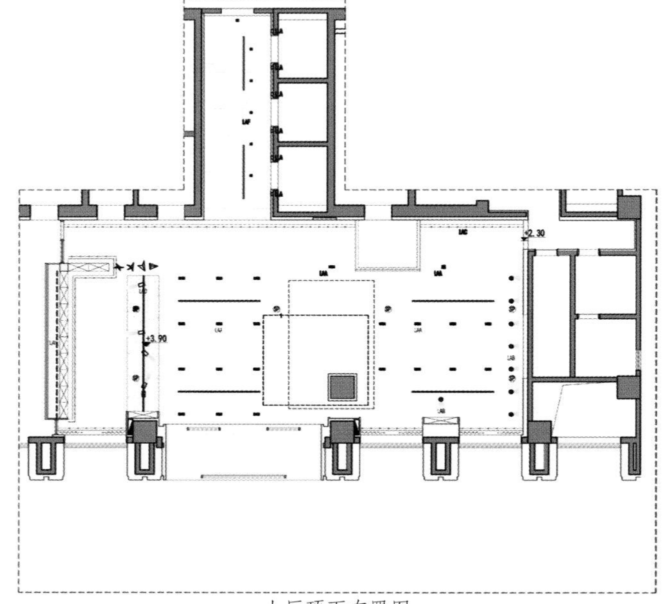

大厅顶面布置图

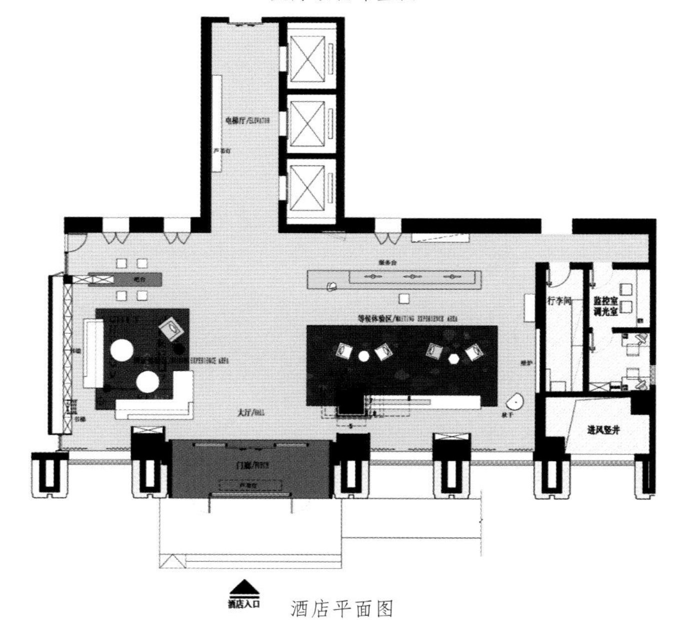

酒店平面图

时的心情："当年华老去，一程山水、一段故事、一个过客感悟着自净其志、不忘初心的坚持，穿越了轻寒的窗棂，温暖绽放缤纷的篇章。" 也有人觉得"那一串串灯光多么像小时候山林中的萤火"，桔子树"使人回忆起婆婆院里的柿子树以及她抚摸过我面庞时的温度。而我即将举步离开，回望那个冰冷的孩子，会忽然忆起电影里那个绝望的小男孩，一遍遍地向仙女祷告：'我不是机器人，请将我变成一个真正的小男孩。'"雨季缠绵，等到天空放晴，也许又是另外一种体验了吧。

补天

A 酒店会所 Bronze Award 铜奖

主创设计：李江涛、陈江波
参与设计：吕迅、易炜、范以蕃、黄宇
项目地址：湖南郴州小埠南岭生态城在水一方 D1-1 栋
项目户型：别墅多居室
项目面积：$220m^2$
建筑及室内总造价：110 万元
摄　　影：杜武宜

本案为设计师自装办公空间，地址选在一个环境优美的高尔夫别墅楼盘，地面上一层，工作室面积虽不大，但设计有接待大厅、两间设计师办公室、助手办公室、物料室、财务室、会客区、厨房、卫生间，功能基本齐全。整体设计思路比较自我，完全以设计师自己的想法为准，运用大山石、老木茶台、盆景、案几，木桩凳等元素营造了一个厚重的东方中式空间。

“女娲补天”可以看作是中国最早的装修行为，借助古老的神话传说，隐喻中国当代空间设计环境，找准自己的文化脉络，民族性格，抓住最本真的自然基本元素——水、木、石、光影，表达当代中国的审美调性，把控自己的设计方向。

现在是回到理性思考，回归自然的时候了，对物欲奢华无度的放纵，对自然关爱的缺失，对自然没有敬畏，缺乏与自然环境建立和谐标尺的意识是盲目浮夸的。

当代设计者们该有的责任包括尊重历史文化，尊重自然环境，以同样的心境对待人类共有文明，以此态度为基础，立足当下面对未来，为中国建筑空间设计享誉世界尽一份自己的力量。

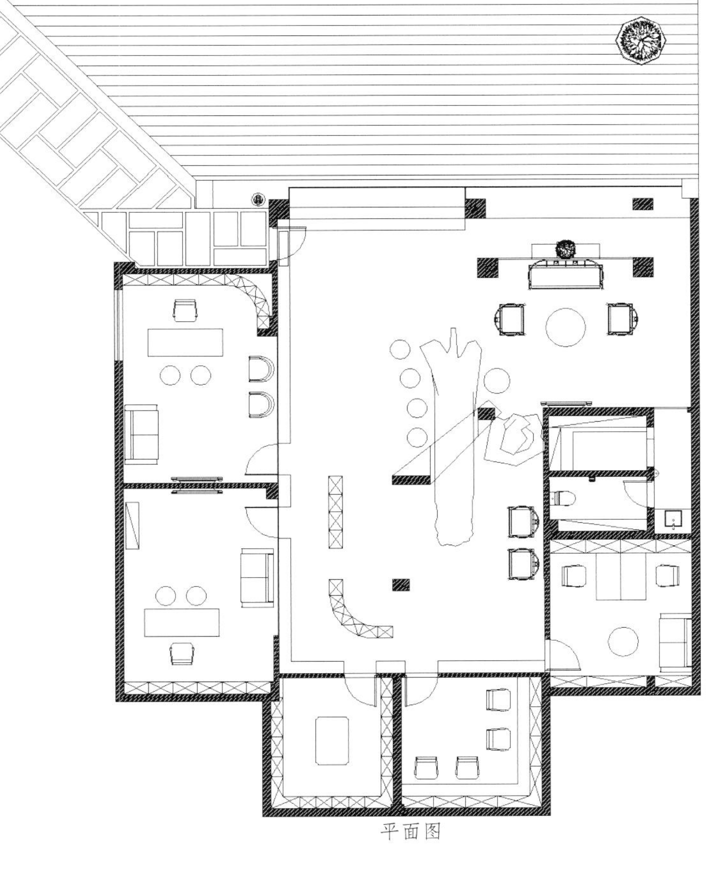

平面图

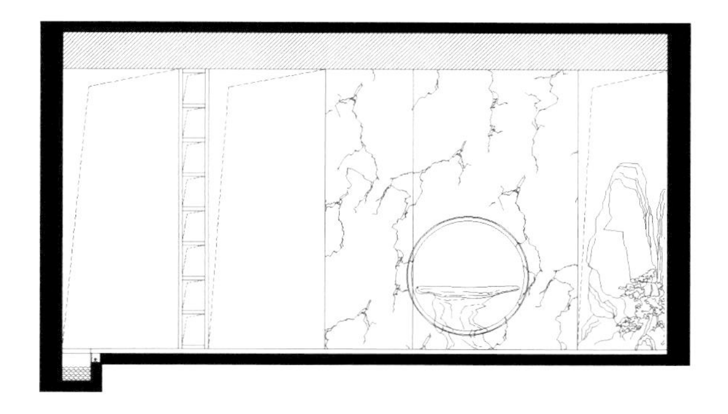

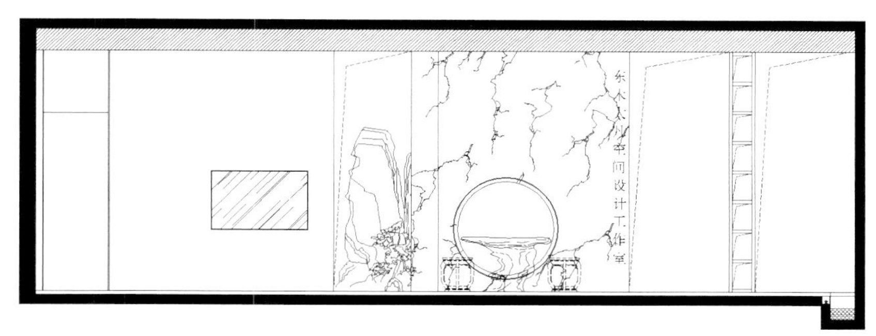

立面图

晃岩 · 53 精品酒店

A 酒店会所 Bronze Award 铜奖

设计单位：厦门一亩梁田设计顾问
主创设计：曾伟坤
参与设计：曾伟锋、李霖
项目地址：厦门鼓浪屿
设计时间：2015. 01
开放时间：2015. 03
项目面积：1120m²
主要用材：素水泥、白蜡木饰面
摄　　影：刘腾飞

晃岩 · 53 精品酒店，是一座拥有百年历史的砖木混合结构建筑。作为一个改造项目，为了更好保护历史建筑，设计师在不改变原建筑结构的前提下，通过保留建筑原有的木质梁结构，运用素色的水泥作为基材搭配整个空间，旧木与水泥，两种材质的碰撞极大拉升了空间品位。整个空间不做过多装饰，运用设计师精心定制的装置画和精工制作的黑漆吊架来增强空间感观。摒弃浓郁的色彩，运用素雅的白蜡木饰面来调和空间的灰色调，配合恰到好处的灯光设计，让整个空间温馨灵动又不失亲切。

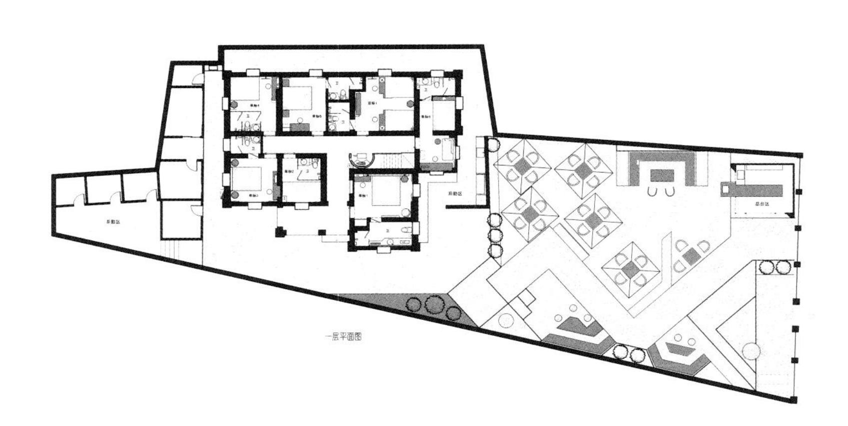

一层平面图

单标4
卫
单标5
卫
卫
双标1
单标6
卫
单标2
卫
单标3
单标1
卫
二层平面图

卫
单标2
卫
单标3
卫
卫
单标4
卫
双标1
卫
单标1
三层平面图

微派艺术馆

A 酒店会所 Bronze Award 铜奖

设计单位：蓝色设计
主创设计：乔飞、张振刚
参与设计：谢迎东、管商虎、徐砚斌、陈素芳、刘凯
项目地址：郑州市商都路十里铺街建业五栋大楼 E 栋 301-302 室
设计时间：2014.10
开放时间：2015.06
项目面积：260m²
主要材料：水泥花砖、木板、钢板
摄　　影：乔飞、刘佳飞

“智者，知也。独见前闻，不惑于事，见微知著也。”（汉·班固）。“惟天下之静者乃能见微而知著”（宋·苏洵）。

微·静

当客访，立其口，观山石，闻丝竹，感牍朴，临其境，心神怡，欲穷其内；缘道行，初极狭，复行数十步，豁然开朗，静谧空灵，器物俨然，茶香四溢，光影婆娑，一片怡静、自然、瑞和之象；踱步徜徉，步移景异，虚渺灵奥，若隐若现，看似轻描淡写，却构思巧妙，令人神往，似乎与“此中有真意，欲辩已忘言”存在着某种微妙的联系，只可于无意中得之而不可于有意中求之，便是空间中最耐人寻味之笔……

繁华的都市，渐行渐远，脱离了本心，丢失的太多，是心灵寂寞了世界还是世道同化了人心，知为知不为知，方向自在人心。

VPIE

徽派艺术馆
WEIPAIYISHU
ART VPIE
ROOM

SILVER ROOM

B 餐饮 Gold Award 金奖

设计单位：设计集人 Design Systems Ltd

设计团队：林伟明、王永健、朱慧丰、张星、钟建龙、方欢欢

客　　户：SILVER ROOM

摄　　影：设计集人 Design Systems Ltd、Matteo Carcelli

插　　图：郑静鹭

相信每个人都不能否认，世上最独有的味道是妈妈煮出来的味道。就算是最普通不过的食材，只要用她独特的配方和烹调方法，都能煮出让你难以忘怀的味道。这是一种能触动你感情的味道，是一种我们自己独有的“家”的味道，是一种能分辨出“你家”和“我家”的味道。

作为设计师，我们以“妈妈的味道”做起点，尝试用最普通的物料为这家餐厅创造出自己独有的风格，配方是我们日常都能接触到的塑料、铁和木，而烹调方法是光和影。

塑料一般不常用作建材，但在日常生活里随处可见。我们采用一种可以循环再用的阻燃塑料制作墙身和天花板，而为了增加项目的环保元素，我们用的是二次使用塑料。所谓二次使用，是塑料在第一次注塑成型之后剩下的塑料，基本上是剩余没用的物料。由于是再用的原因，它的杂质会比较多而透明度会变得比较低，因此我们对它做了磨砂处理，令它变成半透明状。而半透明的塑料有一种特性，就是前面和后面不同方向的光源会令它产生不同的视觉效果。这正是我们想要的效果，因为这个项目位于一条人行道上，每天白天室内墙身表面都会受到日光照射。而到了晚上，灯光就会从墙身和天花背后透出，把整个空间微微点亮。我们正是要运用这两种不同的光源为这家餐厅创造出两种截然不同的气氛，来配合其中午和晚上不同的餐牌。你或许会说，玻璃也可达到这种效果，不一定要用注塑塑料。但是若使用玻璃饰面，整体重量和支撑结构就不能像现在那么轻巧，成本和施工难度也会大大增加。

铁也是主要的材料之一，它和塑料是两种平常不太会走在一起的物料配搭，而我们把这两者结合在一起的方法，就是通过光和影。铁树安装在实心柚木的底座上，像悬浮在半空；柚木底座本身是服务台。铁树本身不规则的线条在这空间内为格子墙身和天花板的直线几何增添节奏，是整个空间的味道重点，尤其在晚上，铁树的影子被投射于墙身和天花，营造出一种舞台效果。在日间，塑料墙身和天花板予人轻巧的感觉，像个简约的半透明盒子；你甚至可以透过塑料隐约看见背后的结构和机电设施。在夜间，铁树纵横的影子成为整个空间的主题，塑料墙身和天花板变成中性的背景。同一个物料组合就这样透过不同的灯光为这个空间"烹调"出两种不一样的味道。

葫芦岛食屋私人餐厅

B 餐饮 Silver Award 银奖

设计单位：大连纬图建筑设计装饰工程有限公司
主创设计：赵睿
参与设计：刘方圆、李龙君、燕群

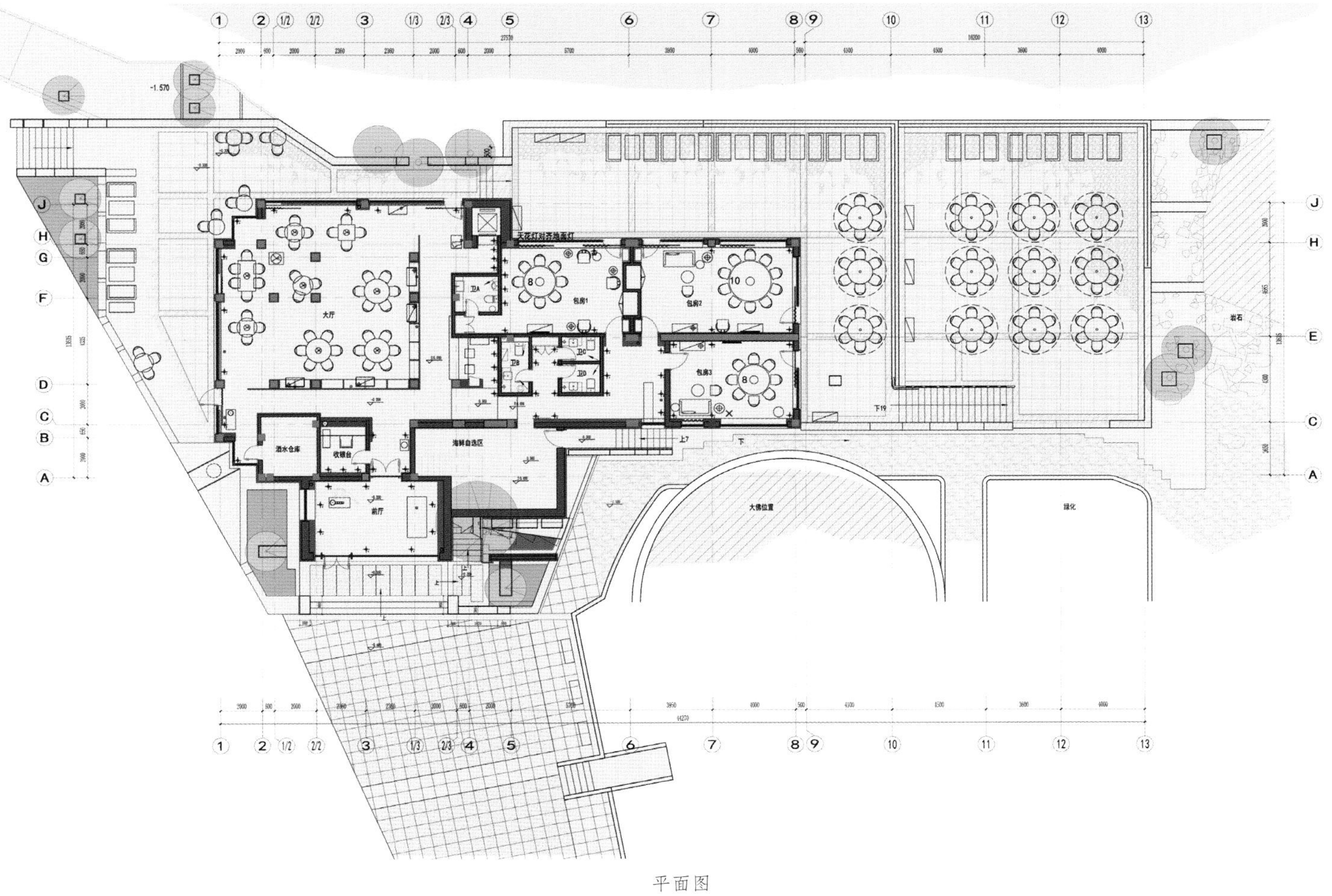

平面图

“食屋”项目前身作为餐厅对外营业，其建筑样式为典型的20世纪七八十年代复古建筑，其地理位置相对优越，视野开阔，窗外直面无边海景。该项目业主的主要期许是对建筑外观进行重新修整和提炼，结合新的功能要求，对周边环境有所回应，室内外形成统一的气质，让建筑更好地融入到环境中。

设计者首先从建筑内外动线着手展开设计，坚信设计是为了让人更好地使用产品本身，所以对建筑内外的动线梳理便是首要解决的问题。原本直冲大马路的入口大台阶被清除，移到建筑的西侧，拾级而上，两侧对称分布的石狮为入口增添了不少趣味和仪式感。在户外阳台动线的增建过程中，设计者尽量避开场地现有的植物景观，使建筑平面轮廓的形态多了一份“自然而然”的场地归属感。建筑外观经重新改造后以灰白色系为主，以建筑体量的梯形趋势展开，与周边景观融为一体，相得益彰。

“食屋”定位为私人会所，供主人和亲友在此聚会使用，并不考虑对外的商业用途，所以无需刻意让室内装饰迎合大众口味，这也为设计者提供了一个相对自由的空间来进行“过程式”的创作和自我情绪彻底的释放。当然，基于设计者足够扎实的实践功底，一切都尽在掌控之中。

稻草，一种极为常见和朴素的植物，其单个形态并不强势反而稍显瘦弱，但当它形成一片并不断复制阵列分布时，在整体上便会呈现出一种非均衡的力量感。这种状态好比日常劳作，过程看似重复和无趣，日积月累，经验和智慧便由此孕生。设计工作又何尝不是这样呢？相对于最终项目呈现出的具体形式，设计者更注重设计的过程性以及借由过程所产生的形式之间逻辑性的生成，设计的乐趣往往就在于此。设计者尝试把“稻草”具备的基本精神置换成一种空间构筑语言融入到“食屋”整个空间的叙事中去，进而出现了入口前厅的“稻草”装置，以及在每个空间节点的墙身和天花板上延续的不规则木条肌理。设计师希望基于这样的装置节点设计及

同种形式三维式地铺开，再加上设计者的现场即兴创作成分，使空间创作的边界得到一定程度的延伸，多些艺术创作的未知性和探索性。

当“稻草”所形成的灰色调的背景完成后，其他灵动的空间节点便是靠一些质感丰富的物件摆设来担当，进一步烘托空间的气氛。例如窗台上一组“晨练中的和尚”雕塑群，在侧窗光线的作用下，原本形态模糊的面部呈现出的表情格外出彩和丰富。抛开理性创作因素不说，设计者更愿意相信这种景象是一种巧合，巧合在于：此时，此地，而后此景。

设计者认为，设计之前，必须观念在先，观念是看似零碎的若干想法，在人的意识逻辑的编织下，建立起某种内在的关联，彼此合作，共同发力来形成一个完整的和谐状态。中国传统观念中人们对于“手艺”的信仰和推崇甚为显著。“手艺”并不意味着带有“匠气”味或是指向因循守旧的某类技术层面。实际上，它宣扬的是一种精神，那就是对日常的、唾手可得的物品的价值的探索和挖掘，最终让它们产生一种新的结构关系。设计者试图追寻这种状态，在“食屋”空间设计中的具体体现便是极具差异性的物件与空间的共融：与木色反差较大的玻璃工艺灯，路边捡来的枯枝和食用后的贝壳等物件经现场再创作形成的立体浮雕墙，桌上的白色碟子和透明高脚杯，市场上淘来的小葫芦等等，空间里的一切物件皆呈现出一种透气的整体感。很显然，重要的不是单个物件本身，而是深植于设计者脑中并且不断被深化的“空间观念”。

最后借“食屋”项目来强调设计者的一个设计观点：每个设计项目最终所呈现出的结果只是设计师当时真实状态的一个浓缩和阶段性体现，时间在推进，观念也在成长。设计师只有在实践的过程中保持开放的思维状态并且不断地进行自我思辨，保持诚恳，才有机会做出富有温度和生命力的作品。

CHANCE 餐厅

B 餐饮 Silver Award 银奖

设计单位：无锡市发现之旅设计有限公司
设计团队：孙传进、胡强、陈以军、何海彬
设计地点：安徽省芜湖市
设计时间：2014. 08
开放时间：2015. 01
项目面积：400m^2
主要材料：铁锈、复古花砖、榨木板、混凝土、钢筋

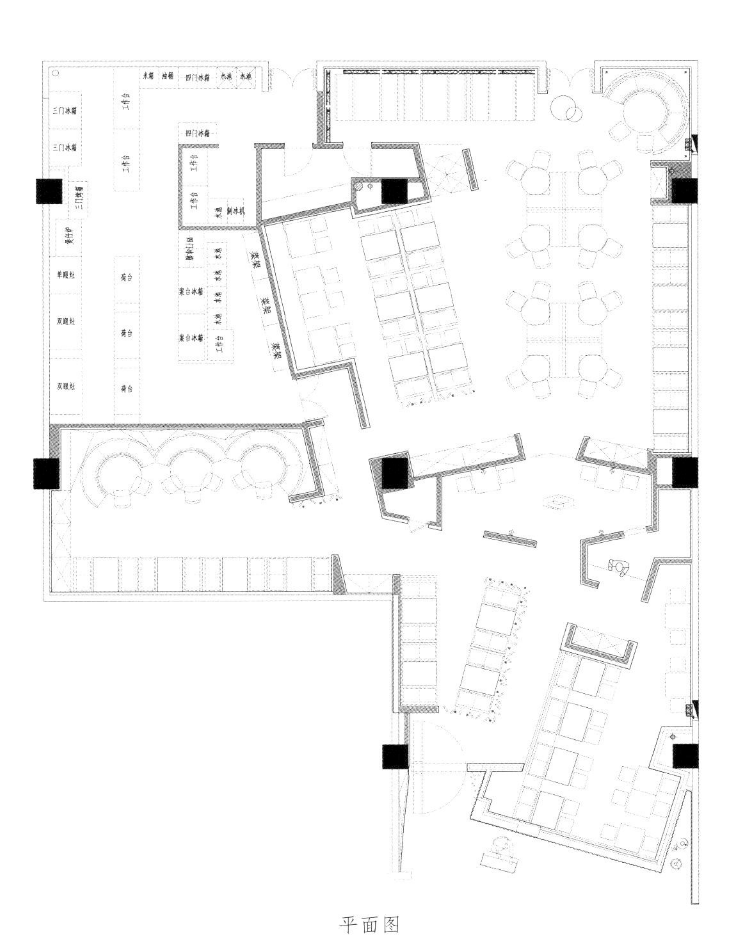

米箱
油箱
四门冰箱
水池
三门冰箱
工作台
三门冰箱
四门冰箱
工作台
水池
制冰机
煲仔炉
单眼灶
双眼灶
荷台
案台冰箱
菜架

平面图

“CHANCE”为一间中国美食餐厅，整体设计以主流消费群体为灵感。不同于其他设计，灵感源于对人群的背景、美学倾向以及对生活的剖析后，基于本世纪“新人类”的喜好，根据其华丽而又“另类”的状态，将之转化为一个主题语言。

前区的频闪交通信号灯，在人流如潮的大环境中，冲突地表现了设计师在商业展示方面具有前沿性的思维；古老、斑驳而又极具力量感的集装货柜，倾诉着漂洋过海的经历；在环抱的彩色灯泡烘托的“化妆镜”前，过往行人心间亦有同样的唏嘘和沧桑，激发一探其究竟的冲动和意愿。

而车语言的刻画和精心的装饰，丰富了整体的表情，防滑钢板作为前区地面质地，强调其冷硬感，锈使心情有舒缓回温，体验十足，划分区域的同时又平顺自然地成为导流艺术标志。

动线在核心区形成了一个集结区，“CHANCE”邂逅在其他的“心”点，设计师给予空间第一次回馈，注雅致，精致汇聚，形成意念，现实的一次邂逅也是设计师的心声，当下的主流餐厅都只剩下了这样的铜铁和斑驳了吧！正如奢侈界的大师——Peter · Marino 所说：安藤忠雄必须克服他们的“混凝土”情结。当代建筑难道只能用那些看起来完整的混凝土来表现吗？答案当然是否定的。因此，设计师尝试以日常生活艺术中的手法，如涂鸦、SCRAWL、指路牌、花花草草、绿植墙等平衡这些视觉基点。

全案以现代艺术手法，将汽车、钢铁、混凝土等工业元素聚集在低照的空间里，在相对艳丽的质感家具映衬下将顾客置于生机盎然的交会和纯粹的世界里。

本案整体设计使用当下流行语言“后现代工业感”的回归，而汽车正是工业文明后现代人的主流出行工具，推动一切向前，犹如人类的演化进程一样那么的契合，一切的现代生活在高速的运动后，唏嘘喝彩亦好，回忆亦好，皆为当下的时代属性！

主流的消费群体对话主流的美学导向，“80后、90后”可谓“车轮上的群体”，车文化、车语言、车元素作为发轫，人生的各种中断邂逅在意象抽象而又实际存在的纬度空间里发生。

对，在“CHANCE”让车带车的激动，推动年轻的人们为了梦想，行于现在，翔于未来！

97
can

CHA

中信汤泉紫苑汤泉茶馆

B 餐饮 Bronze Award 铜奖

设计单位：台湾大易国际·邱春瑞设计

主创设计：邱春瑞

项目地址：广东省惠州市惠城区惠州大道小金口

项目时间：2013.04—2014.03

项目面积：540m²

主要用材：砚石、灰麻石、黑金沙、银白龙、伯爵米黄、防雾银镜、茶镜、仿古铜、地毯、墙纸、木饰面、地板、乳胶漆、马赛克、亚克力、青水泥压板。

奖　　项：A’Design Award & Competition、FX International Interior Design Awards、INSIDE World Festival of Interiors、金堂奖年度十佳休闲空间设计、2014APDC 亚太室内设计精英邀请赛金奖。

摄　　影：大斌室内摄影

禅意盈满室

“禅”是东方古老文化理论精髓之一，“茶”亦是中国传统文化的组成部分，品茶悟禅自古有之。设计师以禅的风韵来诠释室内设计，不求华丽，旨在体现人与自然的沟通，为现代人营造一片灵魂的栖息之地。茶馆内以素色为主调，粗糙的青石板与天然纹理的木地板厚实而流畅，仿佛充满了时间的痕迹，为整个空间带来一种大气磅礴的气势。茶馆以一种独特的姿态诠释着中式之美。

本案设计师将现代气息糅合东方禅意，将空间演绎成一个优雅的品茗空间，软装以“茶”作为引子，凝聚整体空间感，同时也向前延伸了空间体验。茶室各个空间用木格隔成半通透的空间，坐在包间内品香茗，心静则自凉。纵横结合使脉络更加清晰，其复合性与包容性，赋予空间无限想象、呈现出细致优雅的空间氛围及简洁宽敞的空间感。一楼的一间茶室的朝北方向全部以落地木窗代替墙面，屋外的湖泊似乎成了茶室的一部分，俨然是一幅超大的立体水墨画，使人在品茶的同时可以直面窗外的湖光天色。

苏东坡曾云：“宁可食无肉，不可居无竹。”竹子常被赋予潇洒、高节的文化内涵，使观赏者通过观物而感受到意境，从而塑造一个清幽宁静的空间。设计师将一楼东西两间茶室墙面打空，种上竹子，形成一幅天然的水墨竹枝图，浑然天成。

二楼展示厅的设计以“回归”“内省”为出发点，选择宁静、朴实的人文禅风，厅内仅摆着一件根雕，六米的墙面则用来投影展示。

三楼书房设计以功能性为主。在其装修中必须考虑环境安静、采光充足，有利于集中注意力。为达到这些效果，使用了色彩、照明、饰物等不同方式来打造。

我们抛弃一切矫饰，力求做到平淡致远，尊重古建筑原有的语言，只保留事物最基本的元素。用最少的元素，如樱桃木、榉木、藤、竹等来表达我们对苏东坡的敬意，东坡有词云：“人间有味是清欢。”我们给大家呈现的也许是苏轼当年最喜欢的一幅图景——素墙、黛柱、青地、白顶，在这种简逸的情境之中点缀着漏窗、竹帘、卧榻、古灯、幽兰、诗词、书法、绘画等。在装饰书画的挑选上，我们煞费苦心，尽一切所能搜集苏轼以及和苏轼有关联的传世书法、绘画作品，使用最接近原版的印刷复制方法制作，陈列于室内及室外墙面，让近千年的“东坡文化”流淌在时空之中。在这里，我们也许能够体味出当年以苏轼为首的文人雅士风云际会的畅意人生。

搭配收集的东方茶瓮、器皿等，让整个空间与茶道精神合二为一的同时又展现出空间的全部功能和意境。

我们追求的是表面的质感和肌理，不同质感和肌理的材质对比正如不同形体体块的互相对话，为了暖和硬朗的材质，设计师在细节之处甚为用心，无论是走道上看似随意摆放的佛像、枯枝，还是那些做工精良的中式家具，置于展示柜内的精美瓷器与茶具，这些细微之处的累积都让空间显得更为饱满。

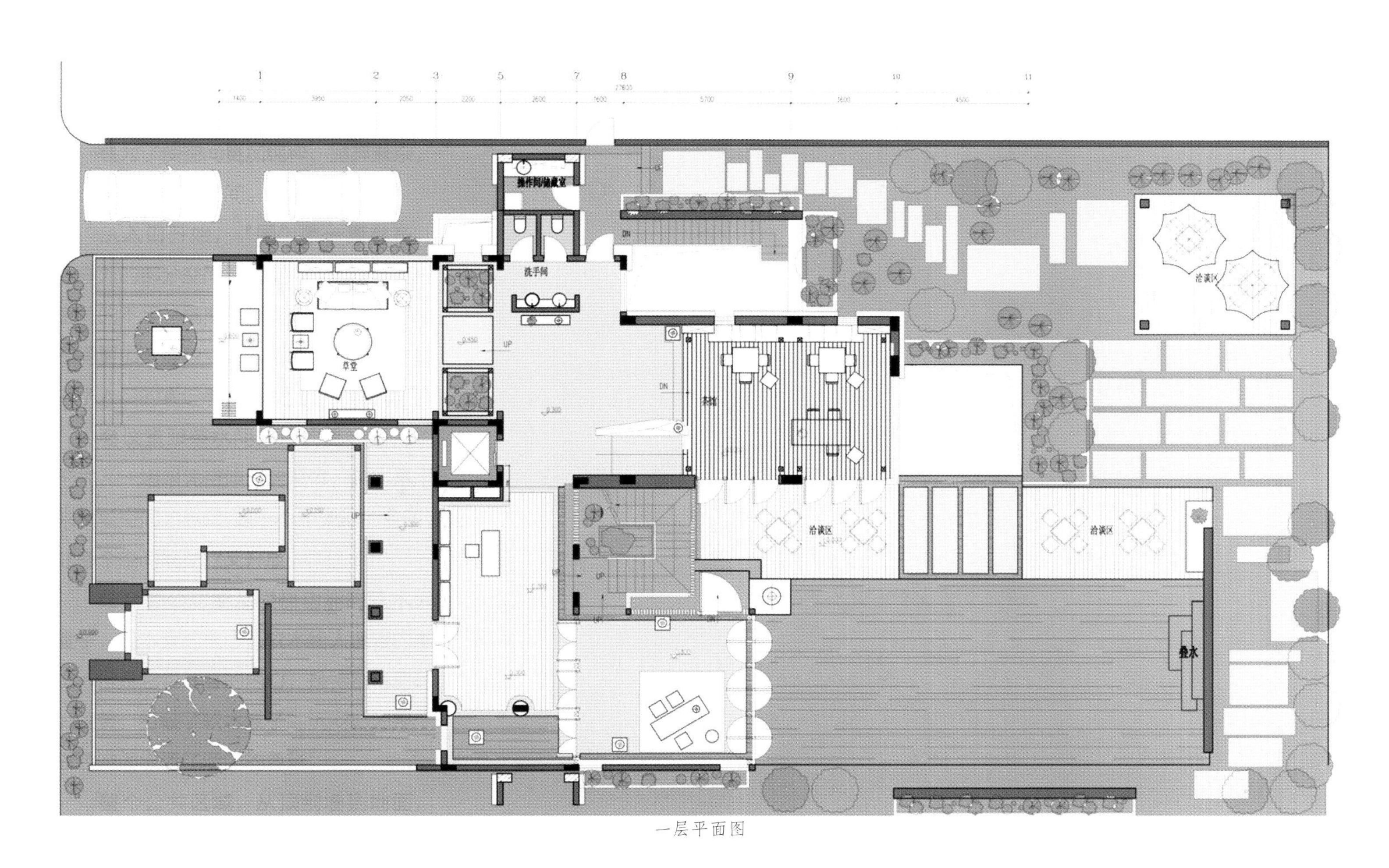

一层平面图

SOSO. 咖啡吧

B 餐饮 Bronze Award 铜奖

设计单位：重庆亦景太阁室内设计有限公司
主创设计：杜宏毅 、郭翼
参与设计：胡贵江 、袁丹
项目地址：重庆新牌坊
设计风格：LOFT 风格
设计时间：2014. 11
完工时间：2015. 01
项目面积：700m²
主要材质： 水泥地面、金属、硅藻泥

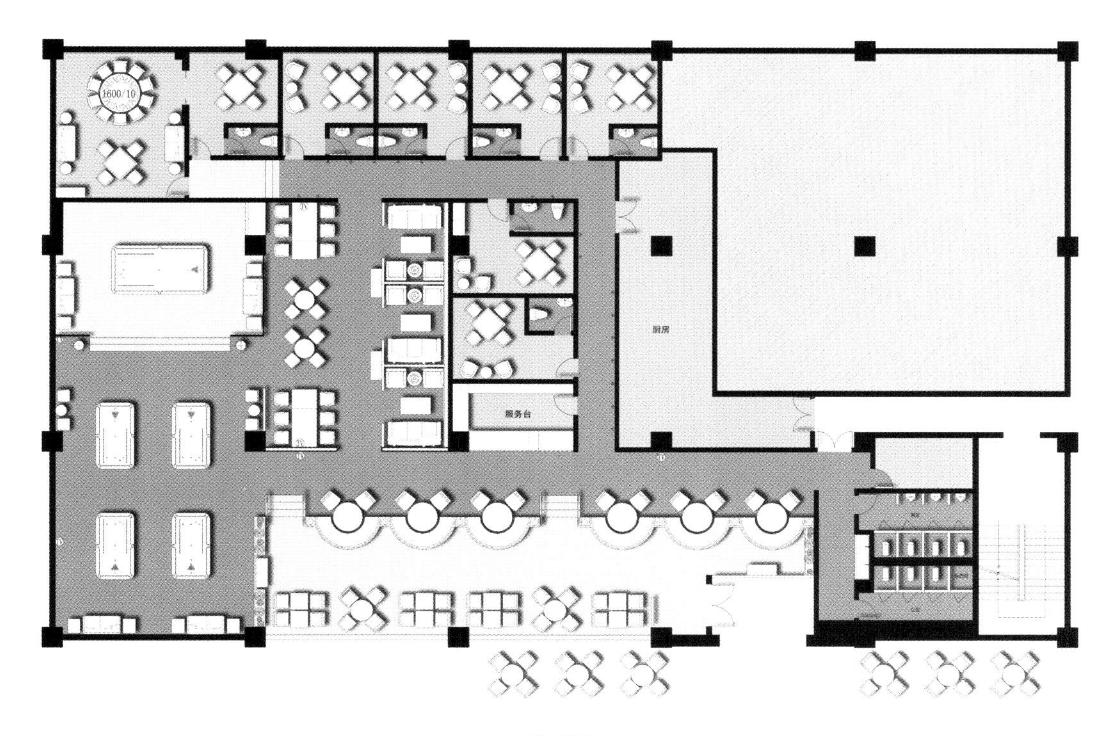

平面图

本项目是集合了咖啡、简餐、台球、棋牌等功能于一体的复合型咖啡吧，这是一个可以一个人待上一天的地方，也可约上三五好友聚会放松，因为这里提供了多种休闲方式。

项目原处于平街夹层，一进门便下梯子非常别扭。所以设计上先是在整个入口区域搭建一条平台来达到里外合一的目的，同时又加强了人流动线的引导性，而且又显得内部空间高低错落具有层次。整个结构通过回廊式的空间布局恰到好处地把各个区域划分开来，同时又相互贯通融为一体。

由于业主的投资非常有限，在造型上几乎不可能做太多的文章，但又要烘托出咖啡吧的氛围，所以在灯光和软装上就必须花费更多的精力。墙面大量使用了艺术家的作品（艺术家授权的复制品），各种有趣的形象大大增加了空间的趣味性。材料的质感表达上尽可能做旧，旧有的痕迹旧得让人第一眼看见就觉得这是一个有历史感的空间。

SHORT

NO.2

煜丰美食

B 餐饮 Bronze Award 铜奖

设计单位：蓝色设计
主创设计：乔飞、张振刚
参与设计：王志贤、谢迎东、管商虎、杨献营、刘凯
项目地址：郑州市晨旭路与福彩路交汇处
设计时间：2014.09
开放时间：2015.02
项目面积：1038m²
主要材料：青石、木板、涂料
摄　　影：刘佳飞

过去有的现在还有叫文化，过去有的现在没有叫历史。中国历史悠久而文化散落不均，一些古村落、院落、庄园有着自己的历史、文化、宗教信仰及审美，有着各自的生活方式和居住模式。上百年来，爱情、友情、亲情、乡情不断上演，感人至深。各种活动和格局影响着现代人，形成灿烂的民居文化。目光焦点仿佛脱离了时代，似乎又回到那个曾经的村落。几代人的梦想汇聚一堂，各种情愫交织融合形成灿烂的生活。感慨万千，一个当代设计者对这些已经消失或正在消失的文明是含恨而无力的，只有努力去表现那失落的记忆，努力修复那些记忆的碎片。那村口的牌楼、喧闹的集市、巷子的回声，还有那让人流连忘返的戏院、学堂，左邻右舍的闲聚，还有那些神秘的钱庄大院，一切的一切都是那么的真实落地。我们无力改变历史，但可以改变自己。望中国的良性基因遍地开花。

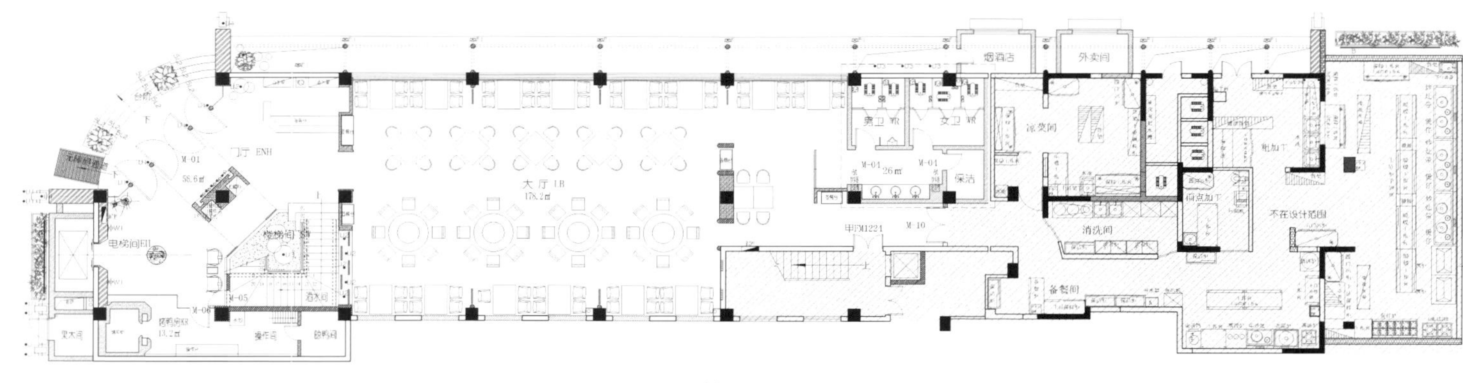

一层平面图

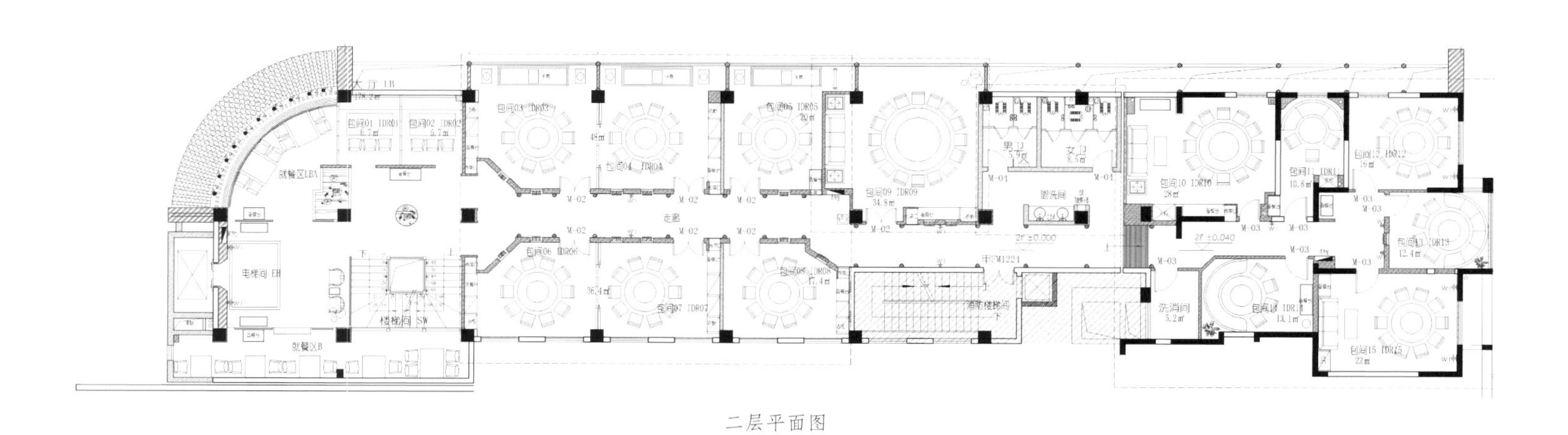

二层平面图

珠海莲邦广场销售中心

C 休闲娱乐 Silver Award 银奖

设计单位：台湾大易国际设计事业有限公司
主创设计：邱春瑞
项目地点：珠海横琴十字门商务区
完成时间：2014.06
项目面积：3000m^2
空间类型：商业、展厅
项目客户：客家商会
主要材料：钢材、低辐射玻璃、大理石、地毯、木饰面、铝合金、织布等

基本信息

项目位于珠海横琴特区横琴岛北角，紧邻十字门商务区，东北面紧邻出海口，享有一线海景，景观资源丰富；与澳门一海之隔，更可观澳门塔、美高梅酒店、新葡京娱乐场等澳门地标建筑；东面距氹仔岛 200 米，地理位置优越。

项目整体从“绿色”“生态”“未来”这三个方向出发进行规划。从建筑规划设计阶段开始，通过对建筑的选址、布局、绿色节能等方面进行合理的规划设计，达到能耗低、能效高、污染少的效果，最大限度地开发利用可再生资源，尽量减少不可再生资源的利用。与此同时，在建筑过程中更加注重建筑活动对环境的影响，利用新的建筑技术和建筑方法最大限度地挖掘建筑物自身的价值，从而达到人与自然和谐相处的目的。

建筑概念设计

整体建筑造型以“鱼”为基础，采用覆土式建筑形式，整个建筑与周边环境融为一体，外观像一条纵身跃起的鱼儿。该建筑与周边环境充分融合，覆土式建筑形式可供市民从斜坡步行至艺术中心顶部休闲娱乐，同时可观赏到珠海、澳门的景观。建筑中心区域通过通透屋顶的处理，建立室内外的灰空间，从视觉上形成室内外景观一体，做到了室内、室外的充分结合。建筑周边结合园林绿化设计，通过水景过渡及雕塑、装置艺术品等的设置，增加艺术氛围，形成滨海的、艺术的、人文的、自然的公共休憩场合。

雨水回收：通过采集，屋面雨水和地面雨水统一到达地面雨水收集中心，经过雨水过滤系统再输送给其他用途，如卫生间用水、景观用水和植被灌溉。

能源回收：建筑外墙体通过使用能够反射热量的低辐射玻璃，尽可能多地引进自然光，同时减少人造光源。建筑覆土式设计采用自然草坪，在一定程度上形成局域微气候，减少热岛效应，隔热保温，能够高效地促进室内外冷热空气的流动，降低室内温度至人体可接受范围。

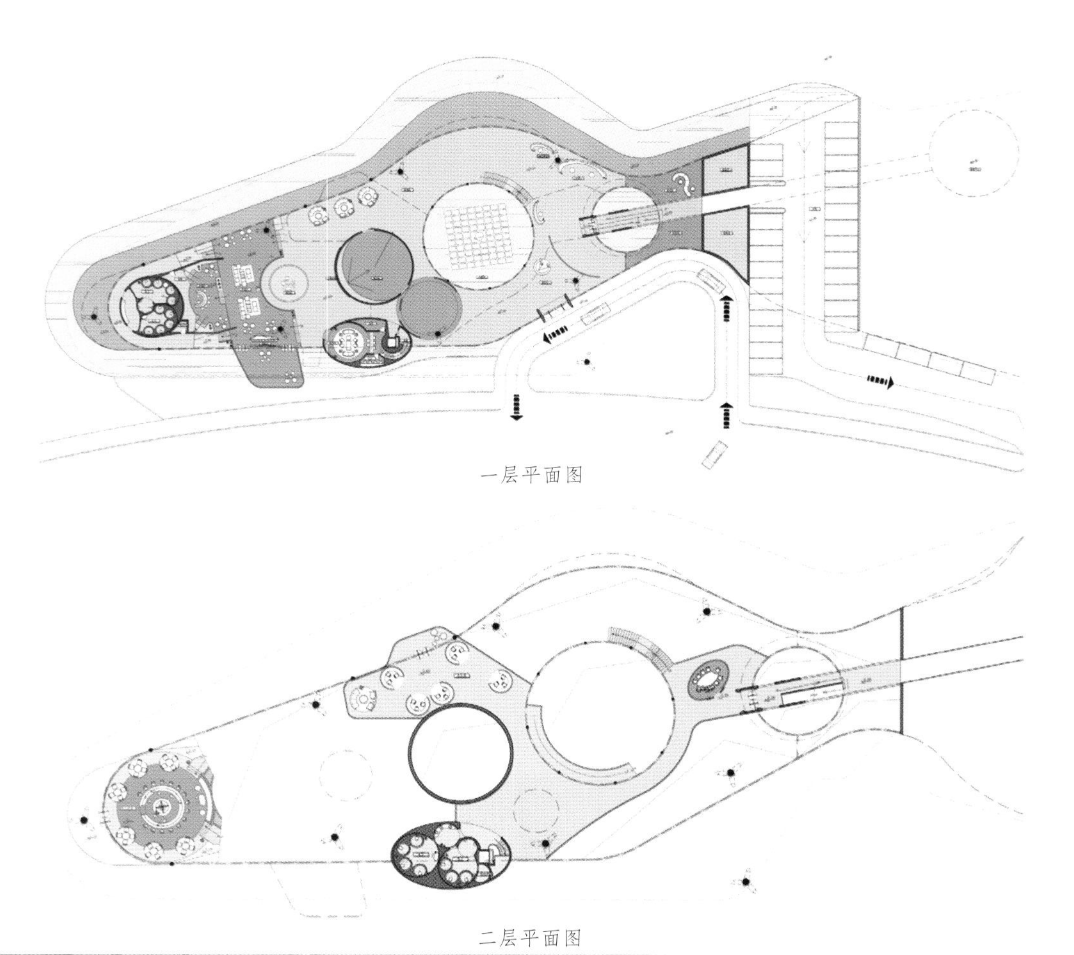

一层平面图

二层平面图

室内是建筑的延伸

首先考虑建筑外观以及建筑形态，在达到审美和功能性需求之后，把建筑的材料、造型语汇延伸到室内，并把自然光及风景引进室内，将室内各个楼层紧密联结，使人文环境相互律动，令室内空间充满节奏感。

动线安排

室内部分共分为两层，即展示区域和办公区域。客户在销售人员的带领下会先经过一条长长的走廊，到达主要区域，这里阶梯式分布着模型区域、开放式洽谈区域、半封闭式洽谈区域以及水吧台。在硕大的好似淑女小蛮腰的透光薄膜造型下，这里可以纵观整个综合体项目规划的 3D 模型台。阶梯式布局采用左右对称设计，左边上、右边下，一路上都可以领略到窗外的风景。靠近澳门的这一面，采用全落地式低辐射玻璃，在满足光照的前提下，可以很好地领略澳门的风景。绕着一个全透明的椎形玻璃橱窗（这里也是整个不规则建筑体最高处，高度有 12 米），可以到达 2 层的办公区域，在挑高层那一侧可以清楚地看见一层的主要工作区域。通过圆柱形玻璃体内侧的弧形楼梯可以到达建筑的屋顶，将澳门和横琴的景色尽收眼底。

TIME PARTY

C 休闲娱乐 Silver Award 银奖

设计单位：鲁小川工作室
主创设计：鲁小川
项目地址：哈尔滨永泰城
设计时间：2013. 05
开放时间：2014. 02
项目面积：3700m²

在“泰乐会”微型娱乐综合体的设计过程中，设计师将品牌和哈市的青春活力相结合，为“泰乐会”打造了更时尚更热情的品牌形象。它的灵感来源于哈尔滨市朱德号蒸汽机车，其风格将引领哈市的新型微型娱乐综合体潮流趋势。

来到它的入口，便能感受到迎面而来的青春气息，入口的形象雕塑如序曲，拉开了狂欢的序幕。进入公共服务区，就像进入了豪华的“朱德号”，人们感性而热情，周围充满的是欢歌笑语，是热情与豪迈。设计师将品牌 LOGO 放大，醒目的“泰乐会”雕塑成为了全场的中心。微型娱乐综合体的色彩设计打破了以往的单一沉闷，在这里，红色是热烈的，蓝色是尊贵的，白色是高雅的，黄色是俏皮的，色彩与声音结合，彰显着哈尔滨人民的好客之情和哈市蓬勃的生命力。量身定制的装置艺术大大增添了空间的时尚感和亲和力。特色包房的设计，更着重体现了微型娱乐综合体的高品位，体现了时尚的气息，更融入了哈市的特质。

品牌化是贯穿整体设计的主线，“泰乐会”在为客人们提供精致休闲娱乐场所的同时，又将品牌形象放大，让“泰乐会”不仅成为人们口碑相传的典范，更成为一面具有地域特色的旗帜。

入口处的“LULU”是一个娱乐机构公仔，它的名字来源于我的姓名，身高也设计得与我一样高，就像我的孩子一样。

创作“LULU”的时间很紧迫，这个形象在我脑海中沉淀了很久，我用了午餐后的二十分钟把它创作了出来，我希望设计一个可爱的形象，让更多的年轻人喜欢上中国机械公仔，以此改变中国机械公仔市场一直以来被欧美日本所垄断的局面。更难能可贵的是“LULU”出过国门，我带它去过法国并获得过奖项，它成为了活动的代言人，法国人都很喜欢它。“LULU”也告诉了我设计和创作不分国界。我希望接下来能创作“LULU” 的更多伙伴，让它们成为令华人骄傲的产品，让更多的人喜欢它。

ARTY

MUSIC

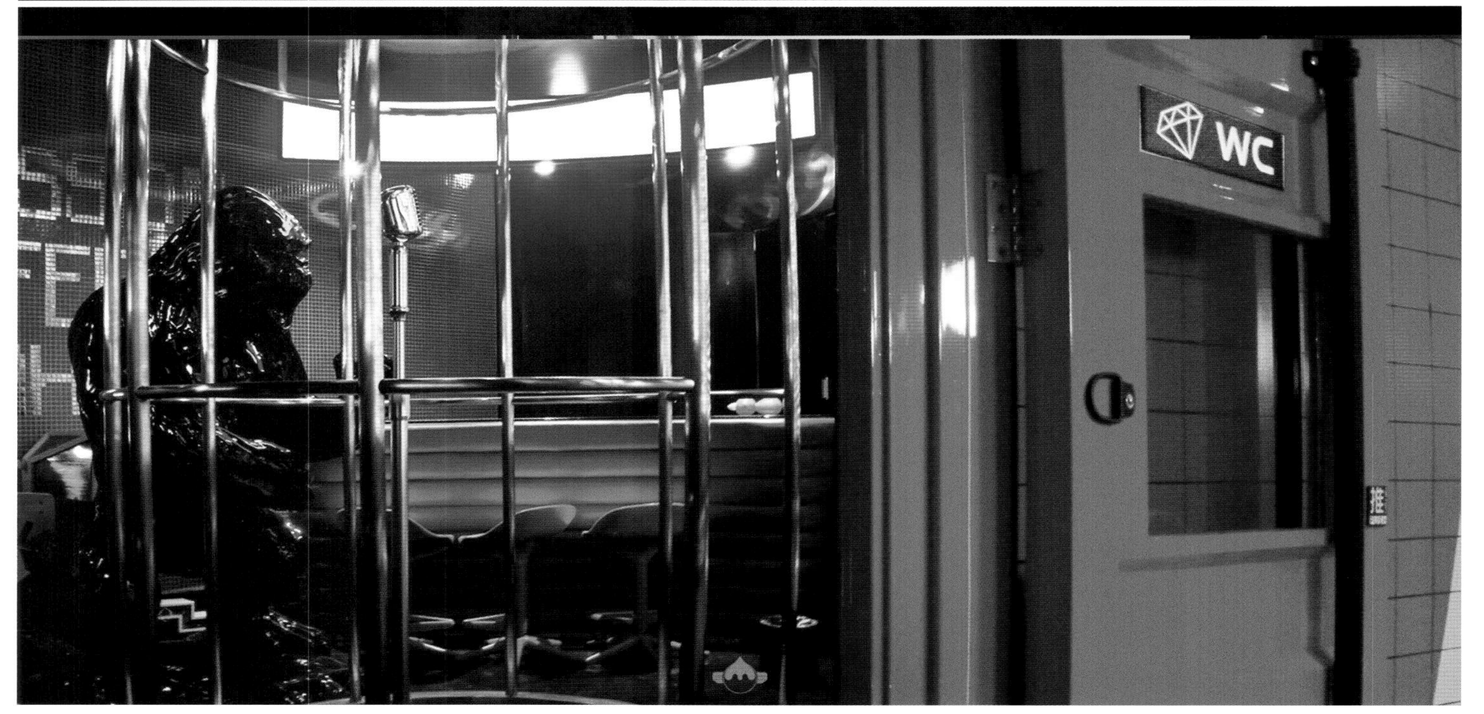
WC
推

平面图

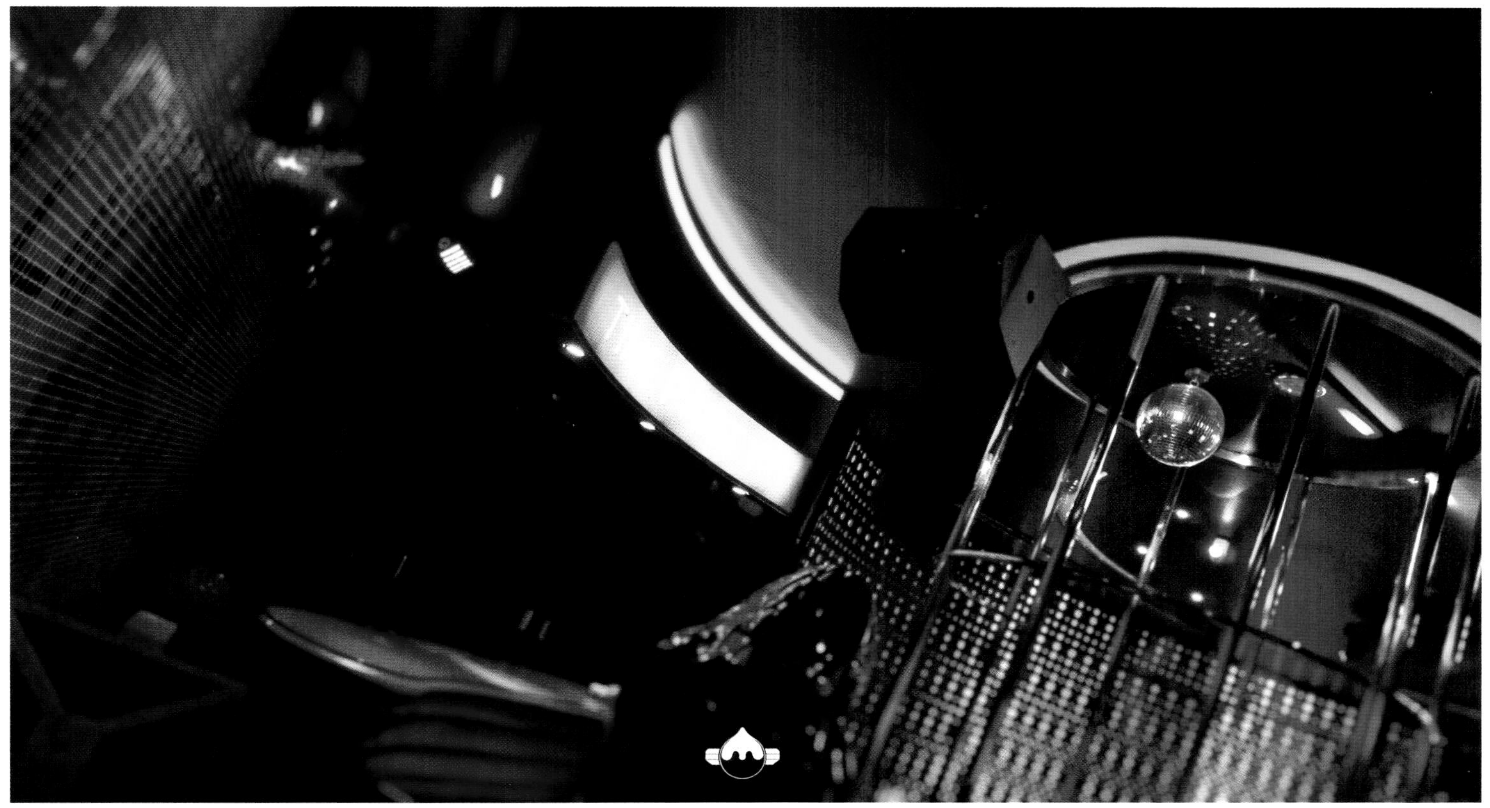

几木咖啡馆

C 休闲娱乐 Bronze Award 铜奖

设计单位：宁波观颐室内设计工作室
主创设计：樊益锋
参与设计：邵晶晶
项目地址：浙江省宁波市
设计时间：2014.09
开放时间：2015.04
项目面积：55m²
主要材料：竹木地板、实木地板、老船木、欧松板、铸铁、泰纹砖
摄　　影：樊益锋

业主是设计师多年的老同学，彼此同样喜欢朴实无华的事物，同样想找一个精神归宿，于是便有了这次邂逅。

室内本身为隔壁餐馆装修后余下的小空间，拥有上下两块的空间高度差。经实地考察发现内部无法大调整后，决定了在现有空间内以甲方所钟爱的“木”“森林”为主题打造一个休闲会客空间。

在经过了初稿的沟通后，我们决定放弃完全性的经营，打造一个半私人化的独特的精神休憩场所。

而最终的成品也让我们发现，温暖的小空间也同样可以让我们欣喜。这是一个可以让三五知己待上一整天的地方，聊天、喝茶、制做甜点，在如今这样急躁的社会，没有什么能比放慢自己的脚步缓一缓看一看想一想更好的了。

空间内部运用了欧松板、实木地板、船木板、竹木板、铸铁板等材料，而地面的素纹砖更加衬托出墙面材质的立体与质感。在室内面积有限的前提下，空间规划没有特别明显的分割，我们必须让身处其中的每一个人都能够感受到一种放松的氛围，一种能够愉快舒适地进行交流的感觉。

室内整体基调的定位决定了最终的效果是LOFT 风格与原木主义的结合，时尚且温暖。

塑造一个属于城市人的心灵避难所，一个钢筋水泥丛林中的绿洲。从设计伊始直至方案结束，设计师一直在收集、归纳、思考、表达，一个空间，无关大小，但必有其主人之性情孕育其中。

一直相信设计师须对自己的设计投入必有的感情，然后再去谈论想法。保持对事物和生活的热爱，不再盲从于单纯粗暴的堆砌模仿。

设计师与业主一起为一个空间谈论设计、实施设计、找寻生活的痕迹，寻找一件件关于时间和记忆的物件，最终一起赋予空间一个主题——山岚已远，静听木语。

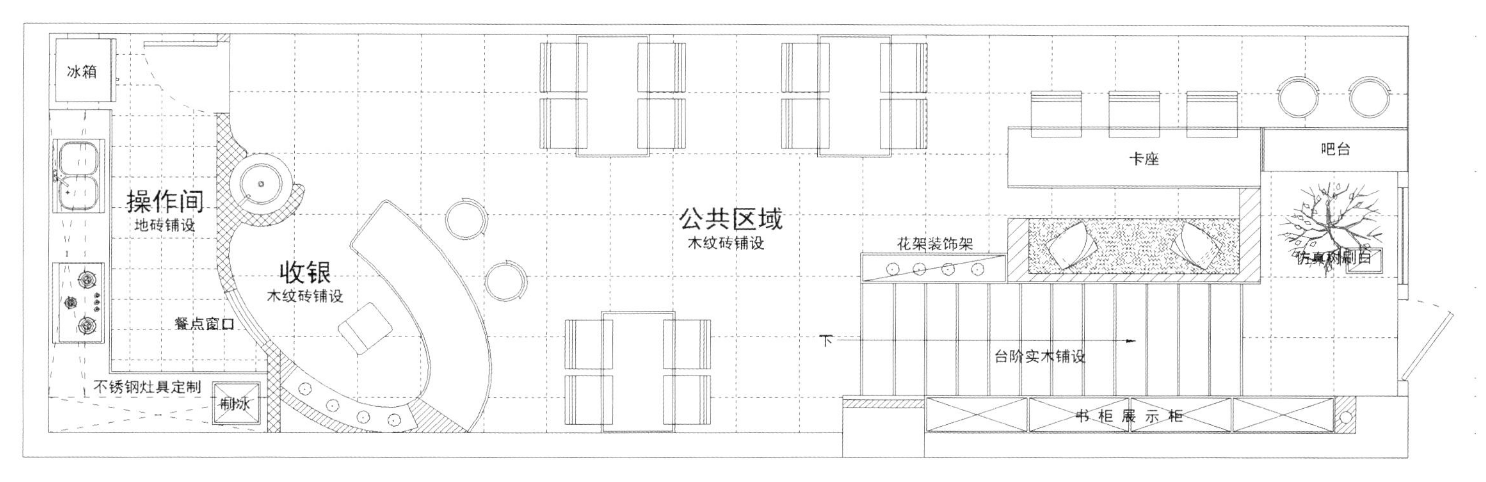
冰箱
操作间
地砖铺设
收银
木纹砖铺设
餐点窗口
不锈钢灶具定制
制冰
公共区域
木纹砖铺设
花架装饰架
卡座
吧台
下
台阶实木铺设
书柜展示柜

平面图

悦读书吧

C 休闲娱乐 Bronze Award 铜奖

设计单位：纬图建筑设计装饰工程有限公司
主创设计：刘国海
项目地址：广州市
设计时间：2014.07
开放时间：2015.03
项目面积：112m^2
主要材料：水曲柳开放漆、榆木封闭漆做旧、仿古做旧小花砖、水泥地砖、黄金海岸大理石、吉尔灰大理石、灰绿化墙、仿古做旧绿色封闭漆、仿古做旧蓝色封闭漆、高光绿色烤漆
摄　　影：林惠敏

电子传媒资讯的高度普及，使阅读不再是单纯地翻动书页，我们逐渐忘记纸墨淡淡的香气，纸本媒介正逐渐失去生命力。经济增长带动的城市人口密集流动，人与人的交流也正失去耐心和彼此的信任。学习和沟通愈加依赖无所不能的网络。

“悦读书吧”的初衷，是希望通过免费的公益形式，利用一个愉悦的空间设计来推进渐已消退的纸本阅读热情，并以此搭建一个促进人和人沟通交流的桥梁。借阅一本书，分享书里的智慧或者有趣的章节，逐渐建立一个良好而有人文气息的社区环境。从一个社区开始，影响和改变一小部分人的习惯，逐渐辐射到甲方的所有社区项目。

项目的面积较小，而且先天建筑位置和条件较差，是一个几乎封闭的地下室空间，但要用百来平方米营造一个轻松愉悦的阅读环境，其实也已经足够。

在这个没有窗、没有自然采光、没有大的层高，也没有任何户外借景的空间里，“悦读书吧”的功能要涵盖休闲交流、线上交换书籍和线下阅读、自助茶水咖啡，还有小孩子们看儿童读物的空间和 VIP 室。在一个 100 平方米左右的空间里完成这些复合的功能，而且还要兼备平时社区组织活动，发布一些生活资讯甚至是放电影的功能，空间的灵活性非常重要，同时又要兼顾一定的私密性。我们把所有书本全部靠墙收纳，既获得足够的书籍存储量，同时又不占用中间可以弹性活动的空间；混合布菲台和操作台结合在一起，可以解决咖啡和茶水自助；还有线上设备的整合，这个是固定的功能，而阅读区占用最大面积的阅读桌和坐椅都可移动，能够化整为零，以满足活动和放电影的需求。绿色的活动书柜围合一个私密区，但同时也能随需撤去书柜，扩大活动所需的面积。

在进门的空间里，墙面用许多木头做成蘑菇杯托点缀，上面点满蜡烛，以此区分左边的办公区和右边书吧的入口，同时营造出轻松童趣的氛围。进入书吧后映入眼帘的是一个由玻璃、书页、灯光构成的空间装置，其后隐藏着小包间的通道，也是入口前区的接待形象，几种质感微妙和颜色变化的纸片，塞满玻璃柜体，发出斑驳的光影。在装饰和丰富空间的前提下，暗喻每一页都是书本和知识的篇章，从这些知识的缝隙里透出智慧的光芒。沙发区绿色柜体围合成一个半私密的交流和休憩空间，片状的层板架，从裸露的天花上悬挂下来，给空间分区并使不同分区间存在一定的遮挡，又不过于封闭本来就不大的空间。越是面积小的空间，一览无余的直白便越会显得空间的贫乏和捉襟见肘，柜子、层架划分出几个不同的功能区后，丰富了空间节奏，使小空间获得更多层次的体验。而为了获得愉悦和轻松的氛围，弥补地下室没有光照，植物难以存活的缺陷，设计自动浇灌绿植墙，并在空间的材料组织上，采用一些怀旧的有岁月痕迹的手法，希望在近距离触摸体感时，能不因空间的崭新和材料的尖锐让精神紧张，希望通过绿色的生机、怀旧的质感和氛围，让人沉静下来，投入到这个环境里。

书吧没有高大上的环境，没有昂贵的材料和设备投入，采用普通而经济的方式，对原有设计加以利用和改造，旧项目替换下来的库存陈设，构成了整个书吧空间。这里传达的价值观，在阅读之外，在促进情感交流之外，同样包含对资源的节制与尊重。

Anything can happen
if you have the courage
APRIL 2015

IDECOR
Furniture
SPACE
LUXURY HOTELS

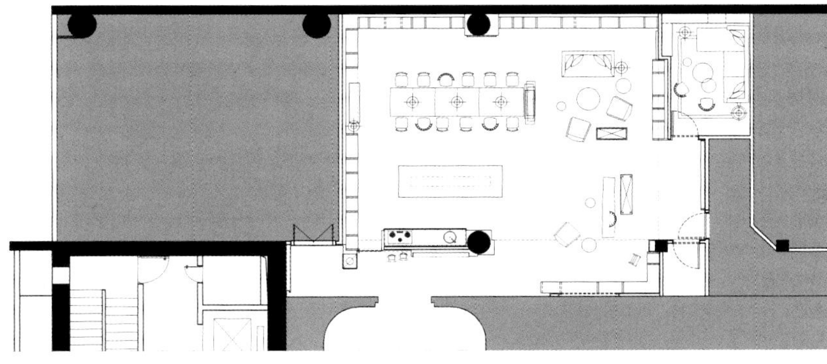

平面图

PINKAH 品家展厅

D 零售商业 Gold Award 金奖

设计单位：广州道胜设计有限公司
主创设计：何永明
参与设计：道胜设计团队
项目地址：广东省番禺市
设计时间： 2015.03
竣工时间： 2015.05
项目面积：130m²
项目客户：新力集团
主要材料：白色人造石、地砖、白色烤漆板、黑镜钢（拉丝面）、透光膜、玻璃钢、贴纸
摄　　影：彭宇宪

风化岩石是漫长地质时代的宏伟册页，静默述说自然的历史。难以想象大自然的鬼斧神工如何将它雕琢，如同送给人类的一册地质年鉴，让人类充满敬畏。

整个展厅灵感来源于设计师对大自然生活的体验与感恩，墙身层层的凹凸肌理以及颜色变化，如同岩石经过风化的洗礼，创造出现代感与未来感等不一样的视觉感受。弧形、流线型把展柜与空间有机的结合，使整个空间流畅、灵动且具有张力。天花的造型灯在空间中既产生照明作用又能与展柜相互辉映，空间中用纯粹的白色加灰色突出层次感，这样巧妙的色彩处理手法为的是让产品的色彩成为空间的最佳主角，同时更明确更直接突出产品的展示性。

中间多功能的柱子既可作为展示台面也可作为休息小憩的空间，以上醒目的 LOGO 增强了品牌的宣传性以及现代感。多面型的石头凳在空间中完全贴近大自然灵感的初衷，在素雅的空间中加以丰富的意境，赋予了空间灵魂。其刚毅的线条与弧形柔美的线条形成强烈的视觉冲击，亦刚亦柔、张弛有度，具有独特的空间律动感。

空间与时间的对话

D 零售商业 Silver Award 银奖

设计单位：四川创视达建筑装饰设计有限公司
主创设计：张灿
参与设计：李文婷

WELLESLEY
FLOORS
伊顿·威尔仕利
A Cappella
阿卡贝拉

破坏的墙体，整合着空间，逆思维中的质量。在设计中它是展厅，又是破坏的设计。从一个方向盒子延伸到整个展厅空间，语言的对话和墙体的破坏，这是宏观到微观的设计。视觉的观点，心理的被解读，这些过程都希望被逆转。木质和墙面一起构成的边框，亦形成虚与实。

空间之间，用戏剧性的观察方式，既是悬挂又是生长。木质的朴质与老墙的结合，在质疑普通逻辑，产生新形式。看与被看，或看不到，都是在刺激某种想象力的欲望。

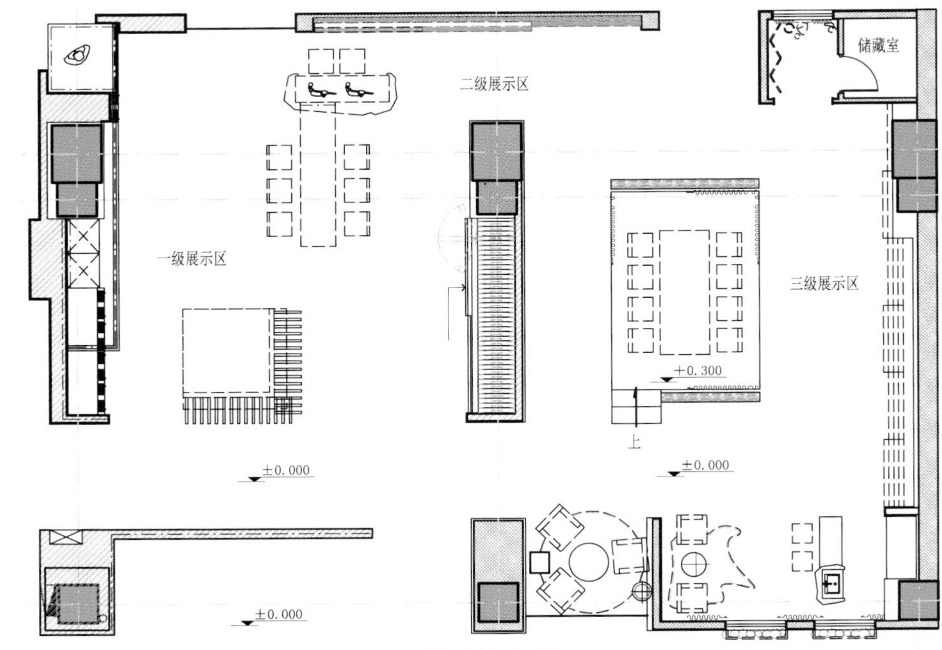

功能布置平面图

FreshT 优鲜馆（万象城店）

D 零售商业 Silver Award 银奖

设计单位：徐代恒设计事务所
主创设计：徐代恒
参与设计：吴青青
项目地址：南宁市青秀区万象城
设计时间：2014. 11
开放时间：2015. 02
项目面积：33m²
主要材料：品上照明、欧文莱瓷砖

"freshT 优鲜馆"是国内首创的"精致轻奢"鲜果饮品品牌，将目标人群圈定在讲究生活品质的城市"新贵中产阶级"。而正是这个"中产阶级"的圈圈，恰好圈中了购物中心的核心客户群。中产阶层不断扩大，为购物中心带来更多客流，品牌商自己也在调整品牌形象，迎合不断增加的中产阶层需求，给轻奢品牌带来很大空间。购物中心也在调整租户结构，以此满足"新贵"，这也是购物中心的趋势所在，也就促使了这次设计作品的诞生。

此项目设计于南宁市万象城购物中心负一层。走近"freshT"就能慢慢感受到"精致轻奢"的理念。空中洋溢着新鲜果香，四处弥漫着原始木色，既温柔又精致的"优鲜馆果汁店"无时无刻不展现出其特有的态度与腔调：以轻奢品，迎新贵客。曾有人用"Smart"（聪明）来形容"优鲜馆"这般"轻奢新贵"的转型与变化，而这间小小果汁店的店面设计将复古与工业完美结合，也着实称得上一句"Smart"——低调的砖墙作为墙裙与"青石板路"的延伸，巧妙地将中古世纪的欧洲集市带到了人们眼前，供匆忙的现代人往返流连，细细回味。拓展视线的镜面削弱了空间的束缚感，柜台之上升起的钢化玻璃让气氛变得轻盈，不加修饰的方柱又让一切回归平衡，舒服，明朗。冷酷的黑铁层架如同黑色琴键一样穿梭在令人感觉温暖的水曲柳实木板中，一静一动，清新而不浮夸，热闹却不喧哗，还能将鲜艳的水果衬托得更秀色可餐、香郁诱人。而将一切元素轻轻融合的是十来盏柔光夺目的玻璃吊灯，冷的铁，点缀了暖的木，让原本并不宽大的空间显得宽敞明亮，让整个设计变得浑然天成。这间高调与内敛共进的"优鲜馆"，这间新鲜与沉淀共存的小集市，和其中满载着诚意与创意的美味果汁，定能让你暂时停下匆促的脚步，获得一刻完美的享受。

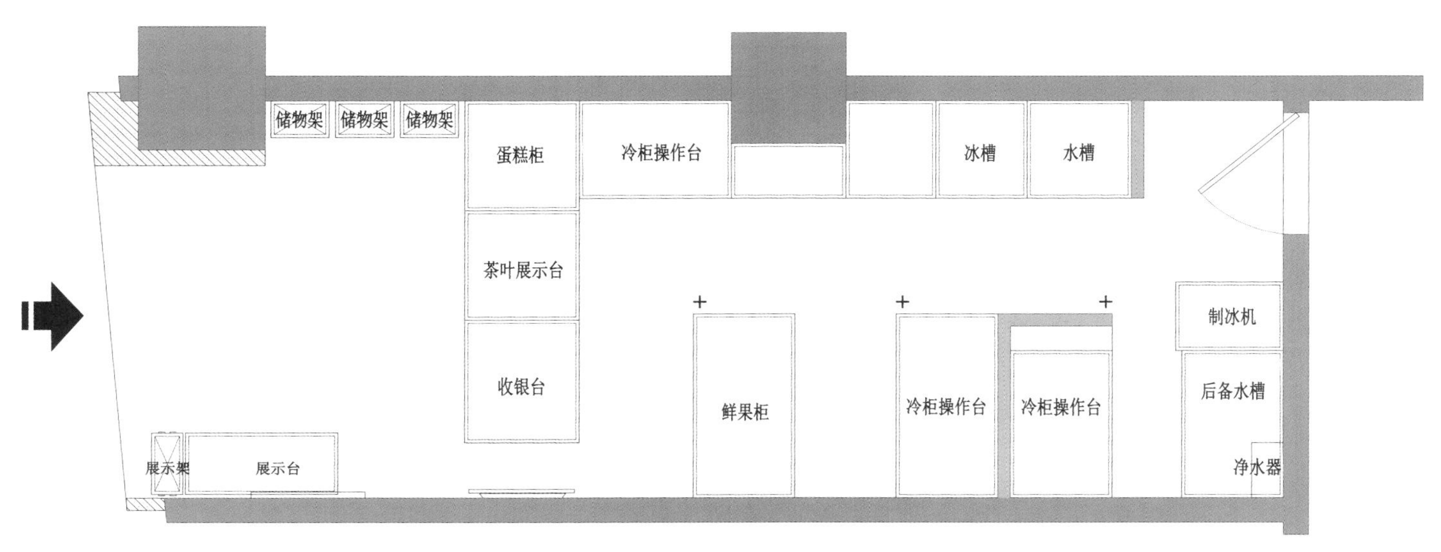

平面图

freshT

freshT

Grapes Lemon Juice
Multi-fruit Soda
Mango Kiwi Juice

生活大师
家具体验馆 A 馆

D 零售商业 Bronze Award 铜奖

设计单位：大连纬图建筑设计装饰工程有限公司

主创设计：赵睿

参与设计：伍启雕、莫振泉、杨跃文

一个项目的开始对于设计者而言，首先便是面对真实的场地。平面的过程好比木匠邂逅一块上好木料，首先便是观看，端其形态，触其质感，适度控制自己的欲望，设计一半，留一半。

在一个宽度九米进深二十五米近乎长方形的物理空间内，制造富有层次的空间关系的同时，又要保证所有元素不会突兀并被控制在一个较为统一的调性内，这对创作者而言，无疑是一个艰难却又让人兴奋的逻辑生成的过程。基于规整的场地基本骨架和形态关系，很显然，在有限的横向宽度范围内是没有办法在人流动线、空间起程转折上做些招式的。还是得从纵向进深中切入，制造空间关系。这样的话，屏风作为一种灵活分隔空间的构件，自然而然就介入进来。屏风为塑造空间整体关系而存在，其具体位置和样式至关重要，它们分别是：绿色喷漆木饰面屏风，镂空的木条屏风，半透的竹帘屏风。绿色的屏风回应某种东南亚民族风的特征，镂空木条屏风暗示家具品牌的编织感和手工感，而竹帘屏风则与家具氛围相对统一。在这里，差异性的屏风各司其职，为塑造空间整体气质而存在。

一切细节的设置全都围绕这个“背景”来展开构思。最终空间也如设计者所设想的状态呈现出来：一种隐约半透的，多层屏风叠加空间与家具形成了和谐的互补状态。设计并非关注空间的形式语言本身，而在于过程中主观意念的适度介入，在于对空间整体逻辑性的掌控，而这一切都以彰显产品性格为核心。设计者认为，场地的客观条件和展示空间的诸多需求在某种程度上为设计提供了解决问题的线索，设计师必须具备平衡商业和美学之间关系的能力，这样才能最终实现相对适度和理想的设计。

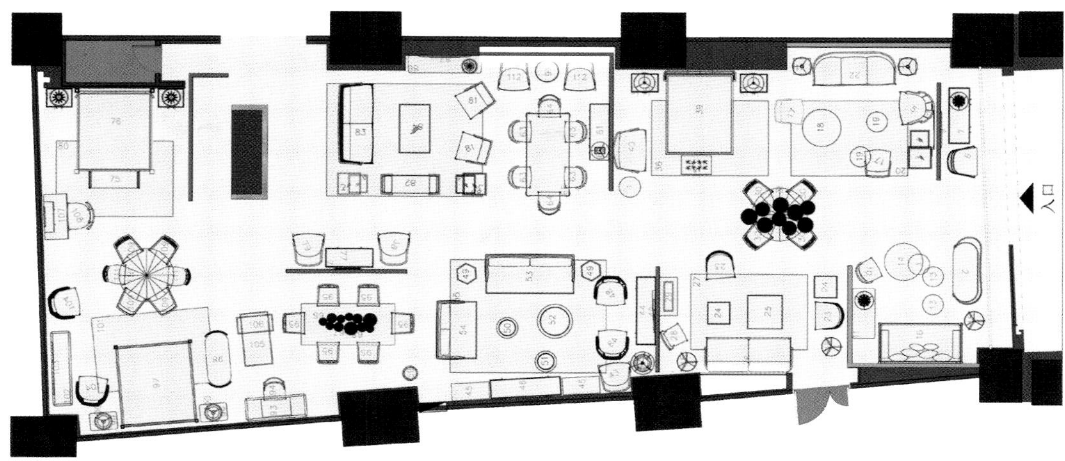

平面图

LIFEMASTER|生活大师
LIFEMASTER|生活大师

LIFEMASTER|生活大师

恒福三达路
商务办公售楼中心

D 零售商业 Bronze Award 铜奖

设计单位：5+2 设计（柏舍励创专属机构）

项目地点：广东省佛山市

项目面积：约 300m^2

竣工时间：2015.05

主要材质：雅士白大理石、黑镜钢、灰玻 亚克力板

超前卫的设计理念是本案最大的亮点，没有过多的装饰，也没有没有繁复的色彩，从天花到地面，黑、白、灰的碰撞，营造出独特的空间艺术氛围；通过空间的拆散和重组，以几何元素为主要设计元素，设计师将自己对于现代时尚风格的理解完全融入在空间里，提升空间设计感和品质感。

为了缓和天花与整个空间的视觉反差，设计师将灰玻璃以阵列的造型高低错落地悬置于空间的视觉中心，并调整了毗邻的吊灯高度，不同的高度有不同的内容，整个空间的协调性便随着线面之间的完美配合而显现出来。模型区和接待区的细节处理，将各部机能分布于动线里，光影配合线条，突出空间的时尚感和科技感，虚实相合，让整个售楼部每个角落都渗透着艺术空间个性，在体现商业价值的同时，成为跨越建筑的堡垒。

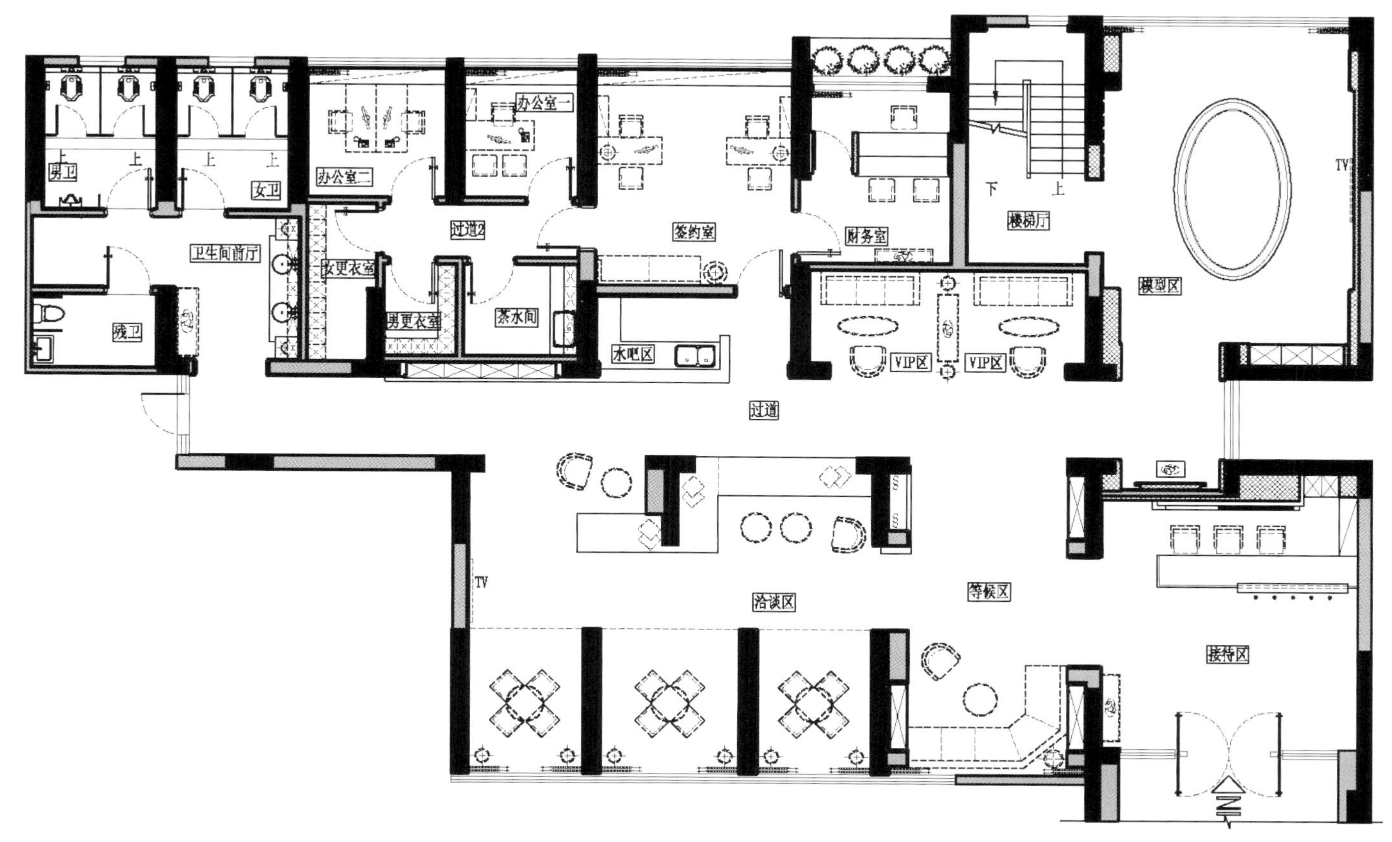
男卫
女卫
卫生间前厅
残卫
办公室二
办公室一
过道2
签约室
财务室
楼梯厅
模型区
TV
女更衣室
男更衣室
茶水间
水吧区
VIP区
VIP区
过道
TV
洽谈区
等候区
接待区

总平面图

EACHWAY 服装品牌风格标准店

D 零售商业 Bronze Award 铜奖

设计单位：贝诺室内外装饰设计工程（深圳）有限公司
主创设计：易勇
项目地址：广东省深圳市福田区福田保税区深福保盈福大厦
设计时间：2014. 08
竣工日期：2014. 11
项目面积：约 150m²
项目造价：约 30 万元

老木，长草，卵石，鱼，这些素材始终表达着人对自然的向往。本案据此为媒介，加入锈黑铁、白橡木、水泥等质朴本色的材料，运用转折几何斜面的方式重组不规则的空间序列，以“鱼”作为抽象原型，并由此渗透出现代感观；照明系统折变的光线与材料的结构分界线产生共鸣的效果，陈列功能单体同样延续着终点不定的现代几何气味，使透明镜映面体框架有效地放大空间并互相影响，层次和伸延得以展开，形成前台区、展示区、不同衣物分组区、试衣区、休息区等空间的原质背景；而前台背墙专门设置的缓缓转动的LOGO投影灯，使其由静入动，作为气泡，作为鱼眼，完成凸显自然动态及生命力的最后点睛之笔。

本案着重于一节一环的细致处理，渐渐褪去浮于表面的时尚外衣，静动相宜，反映出“EACHWAY”女装所注重的肌理简约自然，诠释人之本质。

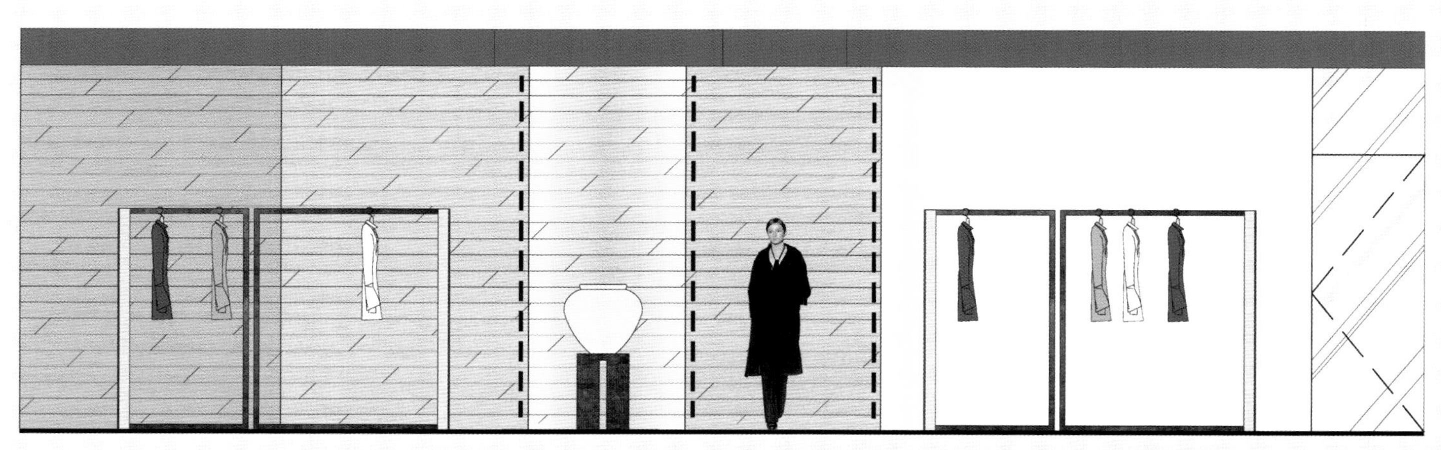

EACHWAY 风格标准店立面图

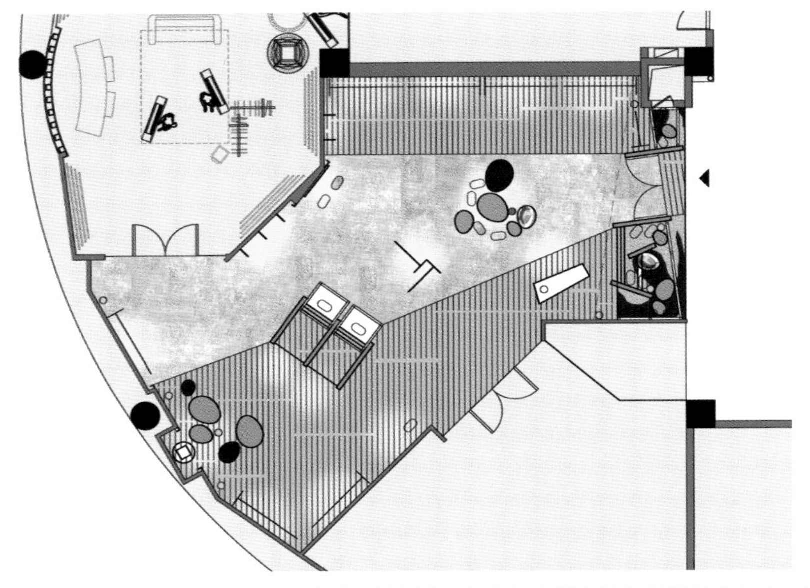

平面图

你的氣質
原來可以被閱讀

FORUS

D 零售商业 Bronze Award 铜奖

设计单位：福建国广一叶装饰机构
设计团队：李超、朱毅

建筑外观较为整洁利落且带有别致的造型。

业主“FORUS”为高端定制的婚纱机构，设计风格简约、大气而不失精细，整体实现了感性与理性的和谐统一。设计师强化房子本身的优点，并针对“FORUS”婚纱机构的文化特点量身打造，通过对该婚纱机构的针线及蕾丝等元素的提取使用，结合建筑 LOFT 的工业风格与结构兼容，与空间同步形成浑然一体的室内空间，将蕴含于空间内的空间本质挖掘而出，不仅很好地传达了主题，又具有很好的装饰性。最后，设计师将糅合后的婚纱浪漫感性元素及 LOFT 工业风的粗犷硬朗元素散碎在空间中，两者结伴同行相映成趣。在了解原有空间特性的基础上，巧妙地打破了思维定式，更为合理地利用了原有的材料，且最大限度地保留了建筑结构，并运用橱窗将整体的装修风格与品位在橱窗艺术空间里进行充分展示，内外呼应，相得益彰，也充分体现了设计师的文化内涵。

整个空间中门头的立体钢架及内部钢架的结构，通过不同类型的玻璃——钢化玻璃及镜子的穿插运用，不但拓展了原有的空间，也使整体的氛围更为活跃。再而配以蕾丝花纹的墙纸、混搭抢眼的花砖，将空间封装在其中，立体干净的结构是该空间诉说的主题。婚纱展示台和装饰品展示台通过灯光和材质的辅助，巧妙达到展示和隔断的双重作用，既缓解了色彩的单调，同时增添了高贵感，让人不再感觉到立体钢架带来的冰冷，反而感觉到立体钢架造型在灯光映衬下的温暖。

与此同时，个性斑斓的沙发组合、刚毅别致的灯具、精致高雅的婚纱仿佛是该主题中的各种花絮。设计师善于运用点、线、面的结合，配上柔和的色彩语言，塑造空间艺术，设计过程始终将几何学、人体工程学活用于店内装饰中，用极其简洁的设计手法，达到一种极高的装饰效果。用精巧独到的室内设计为在此挑选礼服、憧憬美丽婚礼的新娘们带来一个魔法般的空间；让每一个空间都成为一个独特的视觉机制，折射着、透视着、跳跃着每个参观者对婚纱别样的梦；一切在这里都被荡涤得纤尘不染，只有新娘以及她们对未来美好的期待。

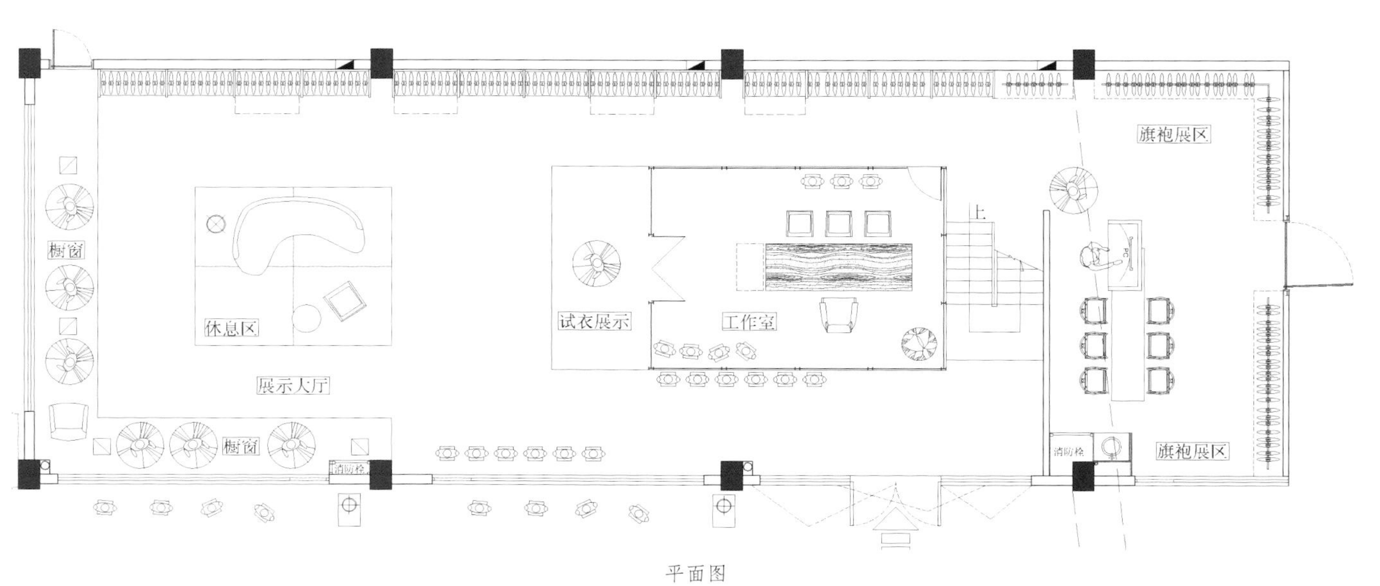

平面图

无界

E 办公 Silver Award 银奖

项目名称：邦华建设办公室
设计单位：佛山市城饰室内设计有限公司
主创设计：黎广浓 霍志标
参与设计：杨仕威、邱金焕、唐列平
项目地址：广东省佛山市
设计时间：2014.10
开放时间：2015.06
项目面积：250m²
主要材料：水泥砖、不锈钢、艺术涂料、玻璃、木皮、大理石

平面图

本案主张减法，抛开实体隔断对空间的硬切割，以简洁的线条与块面勾勒室内，让空间与结构有序展开的同时表达出朴实的素描关系美。去装饰的开敞与通透处理，如画留白——蕴意于墨外。在满足功能划分以外，是界线的模糊，“围而合之、透而无界”，空间之外呈现出对话性、互动性、趣味性。

空间的本质在于有组织的“留白”之中，通过大面积落地玻璃或镂空柜架进行功能分割，彰显其通透性，以自然光线填满，将建筑以外的景色尽收眼底。配合墙体之间的虚实关系，形成独特的视觉张力，让功能性与构造美成为整个空间的重要组成部分。

当弧线遇到留白

——华安置业办公设计

E 办公 Silver Award 银奖

设计单位：二合永空间设计事务所
室内设计：曹刚、阎亚男
设计团队：院志豪、程丽珊
灯光设计：SCL 照明设计　范宝太
项目地点：河南省郑州市
设计时间：2014. 08
开放时间：2015. 02
项目面积：$1100m^2$
主要材料：火烧面石材、乳胶漆、木地板、原木板
摄　　影：牧马山庄、吴辉

弧线是一种形态，留白是一种心境，两者在光的融合下，弧线、斜墙将不再是那位调皮活泼的“少年”，留白、光影也不再是那位宁静、慈祥的“长者”。

矛盾冲突后的另一种宁静

本案在整体设计上以东方情绪与西方线条的相互融合为出发点，通过光和影与留白、弧线、斜墙之间的相互作用营造出一份别样的宁静。在一层大厅的设计上，通过对一层顶部拆除处理，使一层与二层在空间上有了相互之间的融合。弧形墙体与白色的搭配让空间化繁为简，顶部隔墙部分中门窗的造型在自然光的作用下映射在麻质的画布上形成一件光线绘制的艺术品，随着时间推移，映在画布上的造型也随之变换，一直到慢慢消失。傍晚时分，室内灯光开启，LOGO 灯接替了自然光的角色，一束光斑让画布与灯形成了又一件艺术品。

二层空间设计借鉴了园林设计中移步换景的手法，只是“景”在设计中有了新的内容，鼓、秋千、光影、木墩、枯树、石柱代替了假山奇石，弧线斜墙代替了青砖、灰瓦。接待室里红色大鼓被用作茶几，在白色斜墙的映衬下，在此处等待、喝茶也别有一番趣味。

中式条案改造的秋千，橘色的墙体，彩色的木头墩子，黑色的格栅，原始的水泥顶，也都在诉说着这里的使用者也是一群活泼、调皮的年轻人。

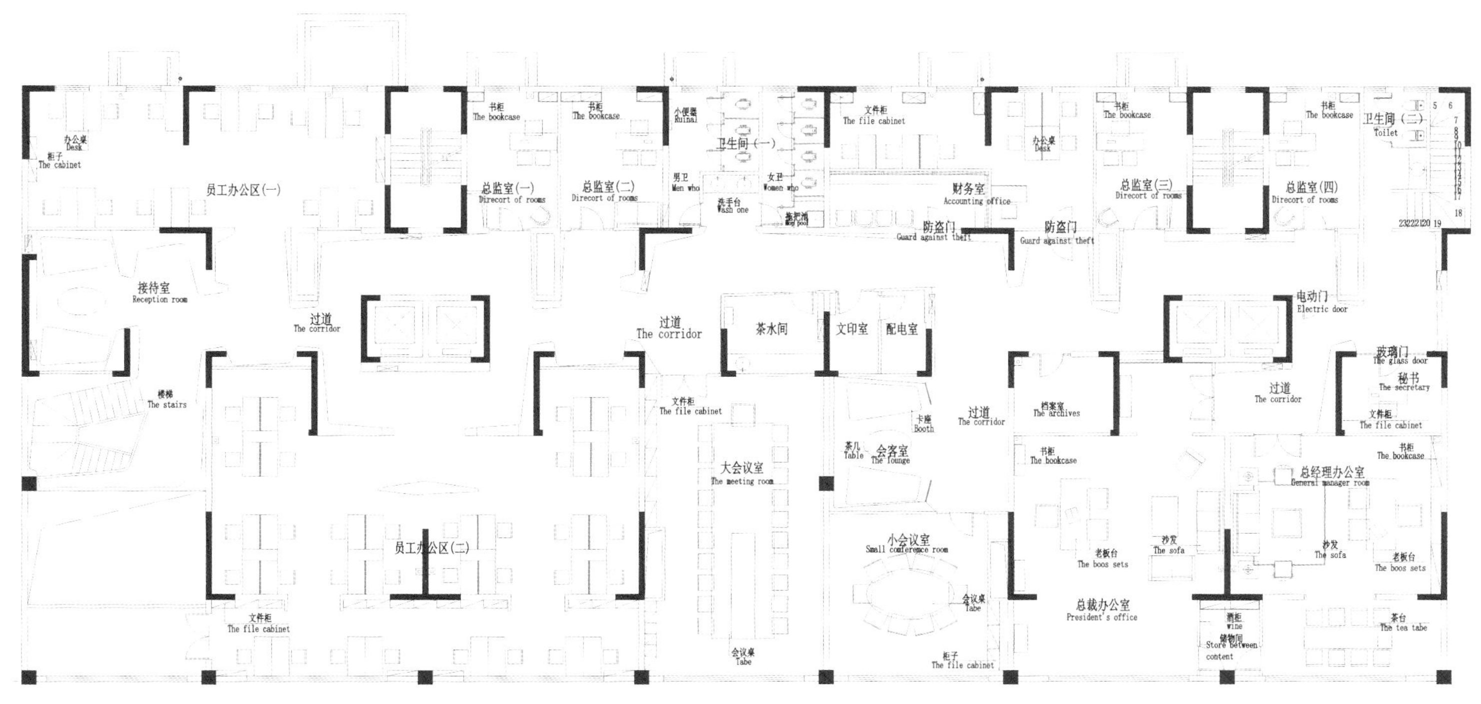

二层平面图

空间、光、人相互融合

光影、人与空间的相互融合也是一个小小的特点。空间中你可以在 LOGO 灯的映射下用手做出各种有趣的手影映射在墙体上，在这里你可以是展翅的雄鹰也可以是乖巧的小绵羊。黑色钢管在光线的作用下映射在每一个走过这里的人身上，时刻提醒着这里的人们，这里你才是主角。

“光”“影”一直是贯穿在空间中的最重要饰品，在光、影、墙体的相互作用下空间有了不同形态，也有了不同的情绪。在“光”与“影”的作用下，每个人对空间都有自己的感知与心境，设计者也希望空间中工作的每个人都能寻到属于自己的那颗宁静的心，能有一种祥和、自然、活泼的心态。

峰尚设计办公室

E 办公 Bronze Award 铜奖

设计单位：峰尚设计顾问有限公司
主创设计：张鹏峰
参与设计：蔡天保、张建武
项目地址：泉州市丰泽区杰利大厦 107
设计时间：2014.10–2014.11
开放时间：2015.01
项目面积：200m²
主要材料：软木、防火板、旧木、爵士白大理石、软膜、地坪漆

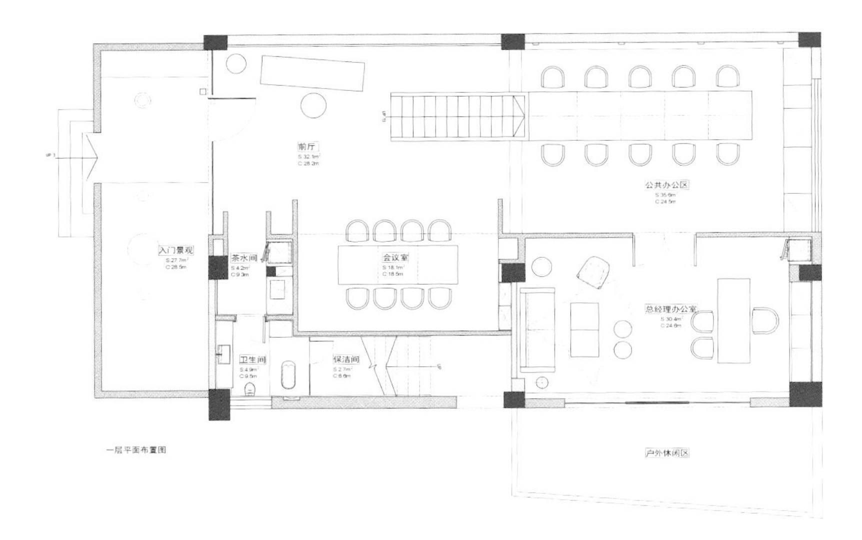

一层平面布置图

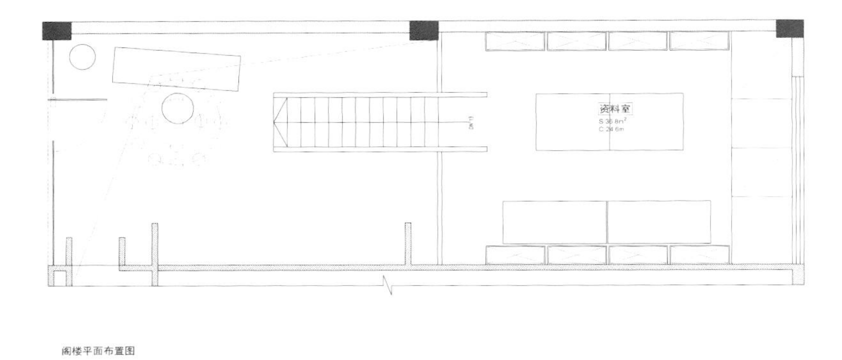

阁楼平面布置图

盒子的形态有很多种，有开有合，有大有小，但都脱离不了“围”的形式；围，是为了使空间更加纯粹，抛弃繁杂，创造属于自己的空间。

从入口开始，“围”就一直存在，把户外的部分空间围到室内，解决了室内空间的不足，隔离了外界的繁复，使办公空间更加安静独立，而且围出来的庭院缓冲了入口的紧迫感，增添了空间的趣味性。

会议室跟茶水间采用的是半围合的形式，一堵堵凭空伸出的墙体，其实是用来模糊空间的界限，是一个个无形的盒子，让各个空间既独立又开放。

结合办公功能及楼梯功能的软木大盒子，是本案的核心。软木给人温暖的感觉，但是它包裹着的内心，是特别艳丽时尚的黄，打破了软木盒子的沉闷，为整个白色空间增添了活泼的色彩。

整个公共区域，从顶到墙到地面，全部以白色铺垫，悬浮了软木大盒子，提升了视觉中心。

通过旧物回收改造的木门，进入另一个纯白空间，映入眼帘的是满窗的绿色。围出去的户外休闲空间，延伸了室内的狭长盒子，里外相呼应，弱化了空间的界限。这是一个混合的盒子，前卫、复古、中式、工业等各种风格的家具冲撞在一起，在挑高三米多的古典教堂门的壁纸下，形成一种类似 ARTDECO 的风格。而围出去的独立户外休闲空间，则保留了原有的斑驳围墙和植物。

由斑驳围墙散发出来的时间历史感反弹到室内空间——古典教堂门图案、原木回收翻新的桌面、废旧木门、年轮图案装饰墙、原木长椅、船木踏步、木桩门禁等新旧碰撞，散落在空间的每个角落，赋予这个新空间一丝历史的内涵。

把历史和安静围进来，把现实和繁杂围出去，在这个围着的盒子，构筑着设计师的梦想。

广州南航大厦室内设计

E 办公 Bronze Award 铜奖

设计单位：广东省建筑设计研究院

主创设计：冯文成

参与设计：叶茂彪、楼冰拧、许名涛、孙铭、孙丹琦、庄飞燕、李俊杰、宋国斌、黄国鹏

项目地址：广东省广州市

设计时间：2014 年

开放时间：在建

项目面积：130 000m²

主要材料：GRG、花岗石、不锈钢、埃特板、铝板、地板胶

中国南方航空
CHINA SOUTHERN
01

在白云之端，有着人类对天空的无尽向往及遐想；在大地之南，有着英雄红棉对一方水土一方人的指导及感染。本案设计以“云端红棉”为主题，以“云端”中的行云光线元素，“红棉”意念抽象化元素，以现代的艺术审美、设计手法、施工工艺创造一个现代、时尚、简约而又具有浓厚文化氛围的办公空间。

设计主色调以经典的黑白灰配色，以飘逸弧线造型（墙体、天花）、弧型灯光走向、弧型家具摆布，寓意“云端”的行云光线，使其贯穿整个室内空间；“红棉”的意念在细节中自然铺开：红色的沙发、红色的灯座、红棉挂画、红棉标志始终贯穿，营造国际化企业总部大楼所应有的高端、大气、宽阔、时尚。同时将南方航空总公司（全球第三大航空公司）的行业特点、地域文化、企业文化以及全球化经营理念以视觉的形式淋漓尽致地表现出来：航空、南方、奋发、包容。

材料上采用环保而耐用的石材、金属板、玻璃，以轻工业风的工艺制作安装，强调低耗、节约、重复使用的设计原则。

阳光上东 NM DESIGN 办公空间

E 办公 Bronze Award 铜奖

设计单位：NM DESIGN
主创设计：苗剑飞、倪秀兰
参与设计：温明、张羽
项目地址：北京市朝阳区阳光上东安徒生花园 C9 区
设计时间：2014.03
开放时间：2014.07
项目面积：500m²
主要材料：水泥自流平、热轧板、水曲柳、金属吊板网、夹胶玻璃

规划出一块能够集中精力构思创意的办公空间是每一位设计师所期许的，阳光上东 C 区安徒生花园给了我们最好的机会去实现这个愿望。

安徒生花园是丹麦 SHL 建筑设计事务所的经典作品，能够借助建筑优势打造我们的室内空间自然是最佳途径，尽可能利用原有结构进行空间划分，减少新建墙体，这样既减少建造投入又充分挖掘了建筑本身的使用价值。

面对门外沿河绿化带优美的景色，内外空间的延续成为本案的重点，一切手法和建材都将回归自然，避免刻意的雕琢，灰色的水泥、磨毛的黑色石材、大纹理的原木饰面和金属热轧板都成为我们的首选。通过不同材料的合理运用，整个空间在视觉上产生了模糊分割，这种空间的不确定性使员工与客户、员工与员工共融于轻松、安逸的氛围之中，从而促进彼此间的交流，达成一致的共识。

在两层空间的安排中，我们拿出首层作为接待空间，茶室、会议、展示一应俱全，并与沿河景观遥相呼应，给人以会所般的感受；二层为主要人员工作区，设置有会议、机房等相应功能，与首层动静、内外划分清晰，路线明确。

办公家具在整体设计中起到了延续建筑空间的作用，所有产品均为定制设计，极具构成关系的原创性，独具一格，与顶部错落有致的金属板网、定制灯具浑然一体，材质上以原木、金属、玻璃等自然元素为主，给空间增添了生机和活力，打破传统办公室的冷漠与严肃，人与空间的亲近感油然而生。

应该强调的是，软饰设计在本案中同样起到了至关重要的作用。传统办公空间在功能至上的前提下会相对忽略配饰的重要性，但是我们希望以人为本的理念恰恰对此提出了较高的要求。硬朗的空间成为大背景，生动灵活的各种饰品和绿化与人共同成为了主题，在温暖的灯光下与整体灰色的基调形成了鲜明的对比，亦动亦静，相得益彰。

在设计之初，我们对办公空间的理解还相对概念化，但随着设计的不断完善，我们愈发意识到建筑与空间、人与空间之间相辅相成的关系，设计以人为本是我们追逐的目标，但真正要做到并非易事，希望在这条道路上我们可以走得更远，“筑”造更多美好的空间！

苏州市喜舍文化机构设计

F 文化展览 Gold Award 金奖

设计单位：苏州市庞喜设计顾问有限公司
主创设计：庞喜

喜舍，是2013年年初，由庞喜及其太太解瑜一起共同创建的，取“喜好延展之地”之意将其命名为“喜舍”。

“喜舍”的构想是做出“城市的人文客厅”，客厅中承载的是与生活息息相关的各个方面，推广中式风雅慢生活文化。把生活中的茶、香、花、酒、食、书、乐等元素融入到空间中，让生活滋润美好起来。建筑原为20世纪50年代的药厂，面积578m²，在结构上有着前苏联工厂建筑的明显特征：大跨度、大结构、大层高。而项目又地处苏州，因而在设计中将工业的气息与苏州小调的风格结合在一起，空间上加入了苏州“小”的元素，在局部墙面上，不对称地加入苏式的六角窗，有正方的也有长方的。钢结构也在整体中占很大比例，与苏州软性结构做对应融合，营造出空间所独有的格调。经改造后建筑面积为800m²左右。

进入“喜舍”，会先经过一段窄长的迂回长廊，到了一层的中庭大厅便豁然开朗。大厅主体没有做任何实体隔断，保留了10米的层高，在四周用铁架搭出二层回廊，架下以屏风、移门、竹帘做隔断，分成大致五个区域，或茶室，或书屋，或吧台，空间一开一合，层次分明。二层布置有主人的工作室、雪茄室等。

“喜舍”内设置了三个茶室，风格皆不相同。大厅处茶室开朗通透；二楼设置一私密茶室，格调尽显；后院则布置为茅屋茶室，古朴宜人。茅屋茶室顶为茅草所覆，两面靠着围墙，一面依着主屋，另一面则为半开放，三张卷帘半卷半收，自然随性。茅草下，放置一个简单的木台，铺几张榻榻米地垫，安放一个小几，一张木架。约一个人，生一炉炭火，煮一壶泉水，泡一壶老茶，或看雨，或赏雪，或避暑，无不畅快淋漓！

“喜舍”的家具与陈设讲究简约与通透之感，苏州的古建筑材料也很好地运用其中，营造出一种别样的古风与气韵。中庭的某个隔断处，点缀一段老牌坊上取下的明代断石柱，石柱的四面雕刻着古朴的鱼纹，沉静雅致；古董鱼缸背后，放置一段枯木，灯光射来，鱼缸枯木的影子正好投影到夏布屏风上，在钢铁元素的衬托下，形成一幅古韵悠然的画面……

“喜舍”的空间是不固定的，随着时间的推移，空间也不断地调整与维护，一摆石，一竹帘，一草一木皆成格调。

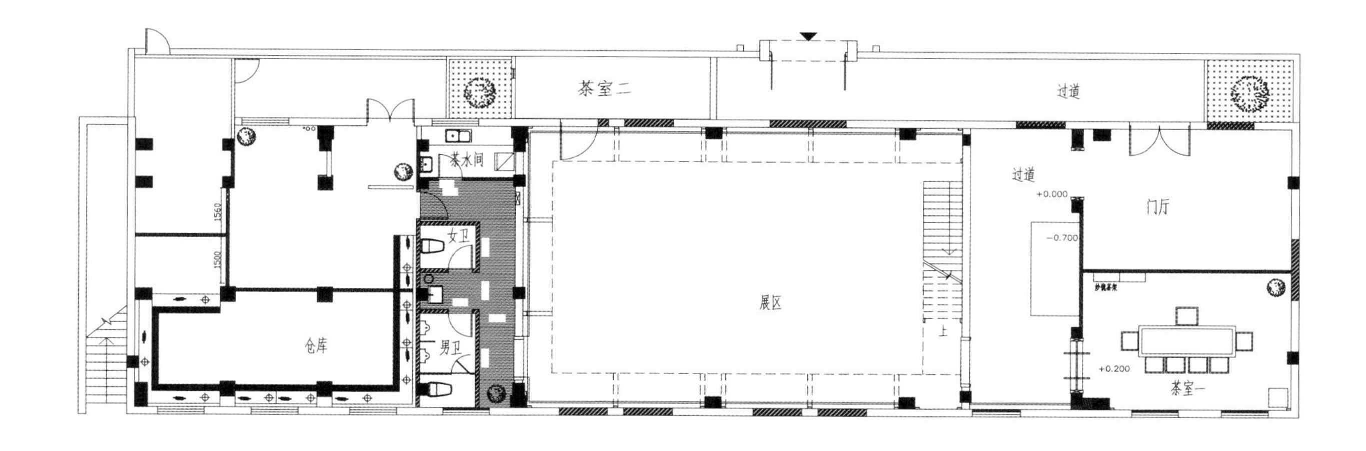

平面图

ON OFF PLUS

F 文化展览 Silver Award 银奖

设计单位：广州市汤物臣肯文装饰设计

设计团队：汤物臣·肯文创意集团

项目地点：广东省广州市

设计时间：2014.10

完成时间：2014.12

项目面积：91m^2

继 2013 年设计周“ON-OFF”项目之后，设计师再度对“公共性、开放性、趣味性”三大设计基石进行深入思考，围绕对人的内心、身体、精神、居住场所、生存环境以及世界的关注，传达设计的责任感。

通过观察人们在生活中遭遇到的事实与本质之间的辩证运动，我们借由设计透过事实，给予本质更多的想象空间，通过空间维度矛盾的建立，探讨现象透明性以及物理透明性。

设计从“人是万物的尺度”出发，探究因主体的不同而引起的判断标准的不同，而现象的存在因主体的不同而产生意义各异的客体，所以，我们需要通过设计“去伪存真”。整个展馆采用白、灰、透明三色软膜围闭空间，以镀膜玻璃反射本质的手法，制造模糊性景象。而穿梭在展馆空间的参与者，透过迭合的方式，参与构建变幻无穷的事实景观，激发其更多想象力，令空间充满趣味。

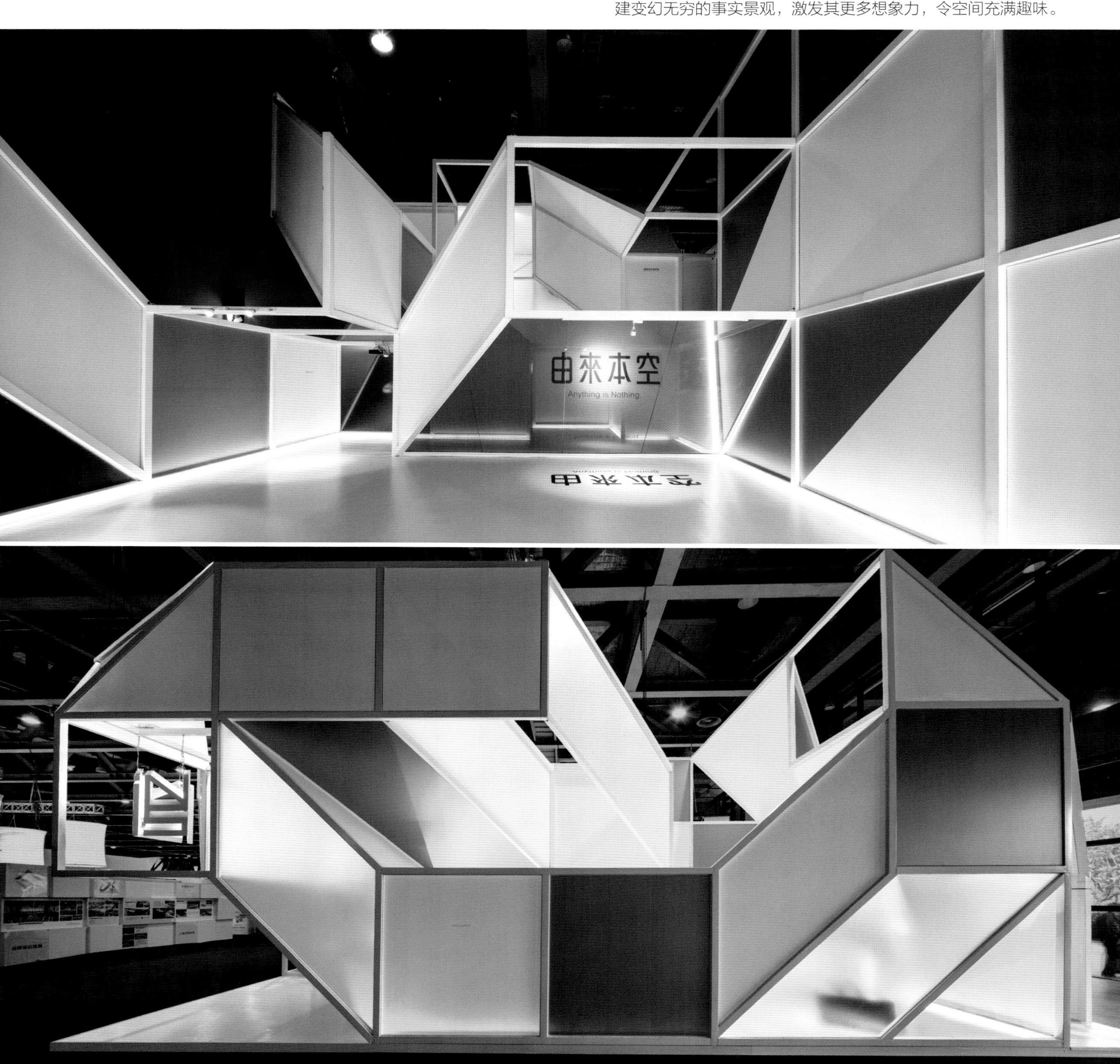

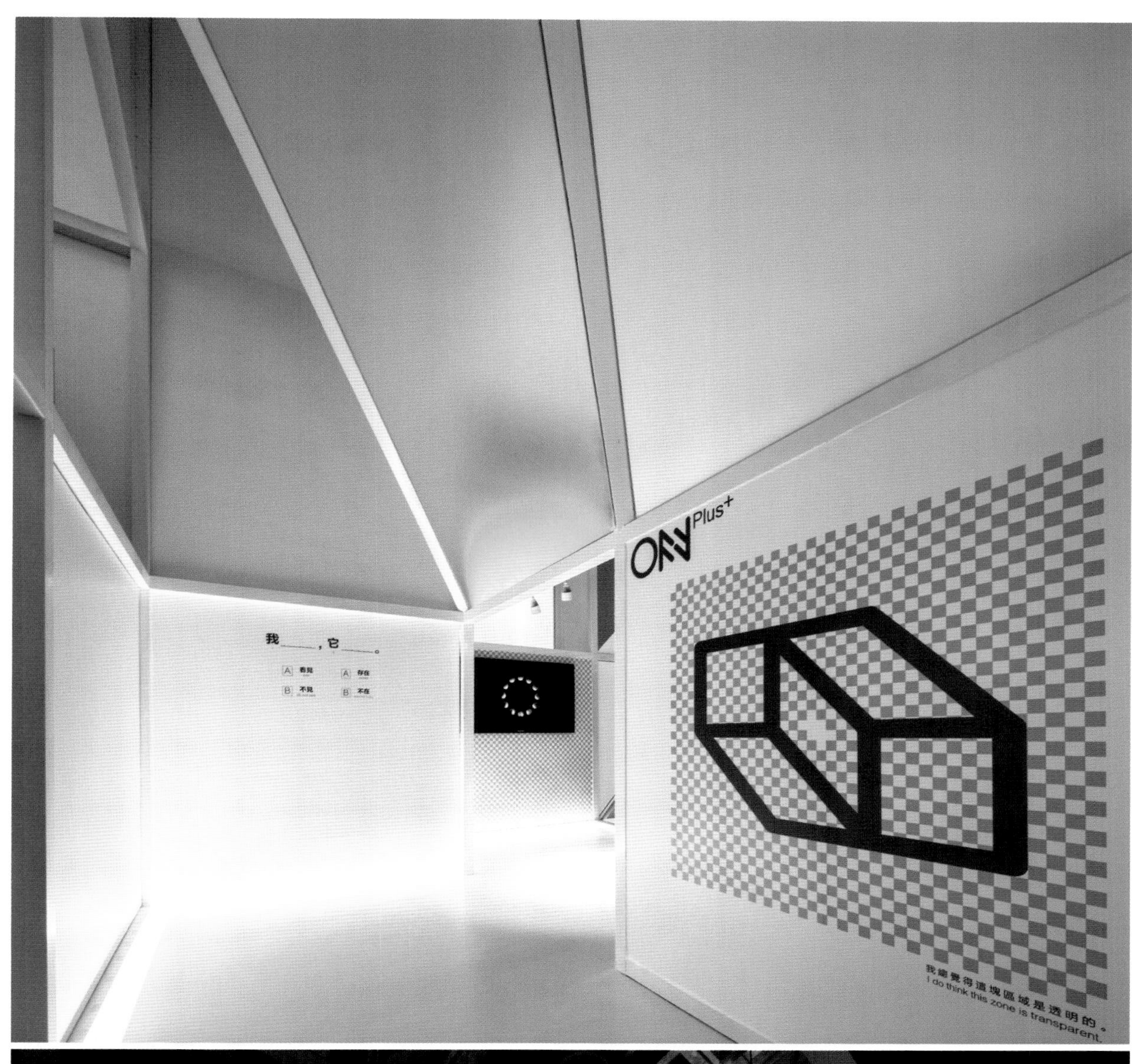
Plus+
我總覺得這塊區域是透明的。
I do think this zone is transparent.

素，就是保持最朴实的本色之美，是不添加任何杂念的纯真。信赖自然，将一切依托于更大层面的事物上顺势而为，这就是存在于“素”背后的审美意识。或者说要活出本色，莫要人为的破坏宇宙既有的平衡。

素

F 文化展览 Silver Award 银奖

项目名称：YUMU 品牌展厅
设计单位：硕瀚创研
主创设计：杨铭斌
项目地址：广东省佛山市
设计时间：2015. 01~02
开放时间：2015. 05
项目面积：300m²
主要材料：乳胶漆、镜面、木地板、地毯
摄　　影：杨铭斌

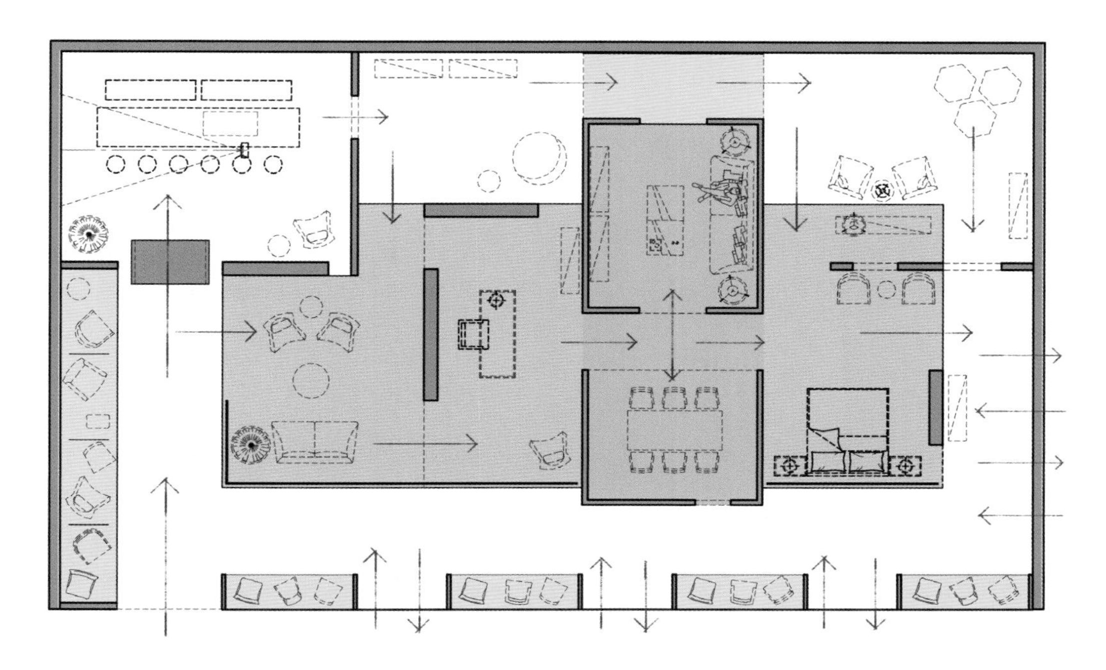

平面图

青岛即墨古城展示馆

F 文化展览 Bronze Award 铜奖

项目名称：即墨古城展示馆

设计单位：年代元禾艺术设计有限公司

主创设计：夏洋 、牟海涛

参与设计：刘露、李畅、杨明弼

项目地址：青岛即墨

设计时间：2014. 06

开放时间：2015. 05

项目面积：1500m^2

主要材料：胡桃木、亚麻硬包、雅蓝石材、经典世纪米黄石材等

即墨市是一座拥有 2000 余年历史的文化古城，在战国时期已经名扬天下，但是随着时间的流逝以及新城的建设，原有的古城已经慢慢消失，不复昔日辉煌。

如今，当地政府希望通过对这座历史古城的维护与重建，提升当地的旅游文化产业，同时改善城市居民居住生活条件，形成新的景点与商业街区，促使当地经济的转型发展，而一个全新的古城展示馆，正是其中建设的核心项目之一。

面积约 1500 平方米的展示馆，坐落于整个古城的中心地区，其中使用了多种科技手段向游客展示即墨地区的出土文物、非物质文化遗产、古城历史以及未来的建设规划。同时还具备雅集活动，VIP 接待等多种功能。当整体建设完成以后，即墨古城展示馆会成为未来城市生活的重要组成部分，与未来的古城居民生活产生互动。

因此，设计师接到本案委托以后，花费了大量时间搜集整理相关历史资料，对当地民居建筑以及非物质文化遗产进行调研，希望通过对文脉的梳理，重现千年古城的辉煌，使展馆除了具有旅游展示功能以外，也能够成为当地市民生活的组成部分。

考虑到古城整体的建筑规划是以明代万历年间的即墨古城为蓝本，以及整体建筑结构，以传统工法采用纯木结构进行构造。因此，在设计上，设计师考虑的重心是功能的多元化与传统中国建筑语言的融合，以及不同使用需求在空间上的多变性。在手法上，面对一个传统工法的古典中式建筑，设计师希望用简约的手法对装饰语言进行提炼。因为在设计师眼里，中国宋明时期的文化与美学，本就是东方式简约文化的巅峰状态。设计主要用材为胡桃木实木，亚麻布以及灰色石材，以东方的灰调与建筑相辉映。在大厅空间凸显东方文化的气势恢宏; 而在小的独立空间营造上，强调意趣的营造; 过渡空间中，设计师希望削弱装饰的痕迹，注重与景观光影的互动，通过不同的侧重点，塑造出空间的独特意境。同时，在室内空间的陈设上，也以明代风貌为主，家具也以胡桃木为主用料，取明式家具之形，呈现古朴内敛的风格，既具有展示馆的厚重庄严，又处处显示出东方情趣。设计师希望作品成为这样的空间：在这里，游客能与一个城市的历史对话，而市民，也能在这里感受到古老传统的气息。

遵义海龙囤
遗址展示中心改造

F 文化展览 Bronze Award 铜奖

设计单位：博溥（北京）建筑工程顾问有限公司
主创设计：刘珂 、刘春录
项目地点：贵州省遵义市海龙屯
设计时间：2014. 07
完成时间：2014. 10
项目面积：1880m²
主要材料：竹子、板岩、IVC 卷材、防腐木地板、涂料
摄　　影：张广源

遵义海龙屯与湖南永顺、湖北唐崖三大土司遗址作为2015年中国唯一项目申请世界文化遗产。我们接到的任务是对海龙屯遗址内一切存留物进行加工，尽可能使其退回历史原貌，并留下供人们了解的渠道。改造海龙屯遗址展示中心，便是其中重要的一项工作。展示中心位于遗址山脚入口处狭窄的山谷里，原建筑是上一轮旅游开发的遗留物，突兀庞大，与遗址历史感及周边自然环境格格不入。囿于时间与造价，不可能拆掉重来，于是我们采取了化整为零的策略，通过曲线的分块弱化建筑体量感，同时确定本土化设计原则，用当地出产的竹子作为建筑和装饰的主要材料。大面的竹墙如茧一般将原建筑包裹起来，暗示历史的停止与沉睡遗址的保护。由于工期紧张，造价低，工地偏僻，雨季交通不畅，出于成本的考虑，业主选定了当地收费低廉的施工队伍，最终低技工艺成为最佳也是唯一的选择。设计师在工地与本地工匠一起探讨可以实现，同时又能符合设计目标的施工方法。这样的结合最终引导项目走向原生态的风格，有些粗粝的质感，却恰恰体现出海龙屯遗址历史沉淀的厚重沧桑感。

从开始设计到工程完工只有短短3个月的时间，期间最大的挑战在于材料供给和技术水平。好在项目的性质是历史遗址展示，有些拙朴的风格恰恰与项目本身的气质达到了和谐共融。从竹茧中破壳而出的是回归本源的海龙屯遗址。2015年7月4日，海龙屯顺利通过联合国教科文组织审核，成为中国第34项，贵州省第一个世界文化遗产。本展示中心作为遗址保护的一部分得到了联合国专家组的高度认可和赞赏。

海龙屯展示中心

壹方中心 · 玖誉样板房

I 住宅 Silver Award 银奖

设计单位：深圳市派尚环境艺术设计有限公司
室内设计：周静、周伟栋、刘倩、林桂芳
陈设设计：周静、邬叶红、胡金胜
原创艺术：JIING Team
项目地址：深圳前海中心创业一路与新湖路交汇处东南角
完工时间：2015. 05
项目面积：143 m^2
主要材料：木饰面、蒙娜丽莎大理石、 白金沙大理石、 皮革硬包 、墙布、镀色不锈钢等

“壹方中心”的滨海顶级豪宅“玖誉”，由凯里森、悉地国际、美国 LLA 等国际团队共同打造，单是设计费用就高达 2 亿元。同时“玖誉”以至臻品质，配置极奢生活元素：3.1 ~ 3.3 米墅级层高、182 米超阔楼间距、国际品牌高速电梯专梯入户、真空垃圾收集系统、定制物管贴身服务。作为前海中心城市天际线上瞩目的一道景观，项目 6 万 m^2 的现代简约园林彰显王者气度，刷新深圳一线豪宅园林标准，重新定义了“壹方人居”品质的新标准。造城，造商圈，造楼王，在我们的聚焦范围之外，我们关注的是，如何在我们设计的这 143 平方米空间中，兼顾精神与物质，让生命得以从容。

唯一的答案是自然。

即使在这钢筋水泥的城池中，也要用设计的语言，及时地将人拉出城市刻板的时间表，寻回自然的节奏与韵律。

木

“木藏智慧，如影随形”，首先“木”是我们的设计主语。

“木，具温润，匀质地，声舒畅，并刚柔，自约束”。古人用极简练的语言概括了木的性格特征。

木质能安抚人心，使人轻松惬意。毫不夸张地说，木头是自然界中可以找到的最具智慧的材料。

因此，除了少量玻璃、镜面（主要在洗手间）和收口处应用的镀色钢材之外，整个空间被木质的温暖包围，没有任何镜面及不锈钢存在，让家显得轻盈柔软，营造出温馨、富有生活气息的家居空间。而家具和陈设方面选用轻松的浅色调，主要以白色和原木色搭配，不做过多造型，还原空间的质朴。

简

我们崇尚简洁的形式，清晰的表达方式。

我们摒弃了繁复的设计，使得整个空间的界面纯净而优雅。

线条虽少，却有着严格的比例和构成的要求。

我们相信用最简单的方式诠释一个想法会更加有力。

用简单的线条，写意出对生活的蓝图。

远

“远”，是我们设计中的隐喻。

如同意境深远的山水画，象外之象、景外之景，带来咫尺天涯的视错觉。

在入口通道的端景，设计师精心挑选了一块极为难得的天然石材，深邃的黑色面纱之下，仔细凝望，有着摄人心魄的绮丽景观。有人说，看见了银河与星云。也有人说，看见了万物生长，生命的轮回。

除却这难得的景观，黑色的端景与狭长通道之间的其他黑色线条与体块之间，构成了微妙的视觉平衡。使得通道不再狭长单调，且拥有了视觉上的重心和节奏感。

情

“情”，是在简约与温馨中，寻到它们之间的平衡点。

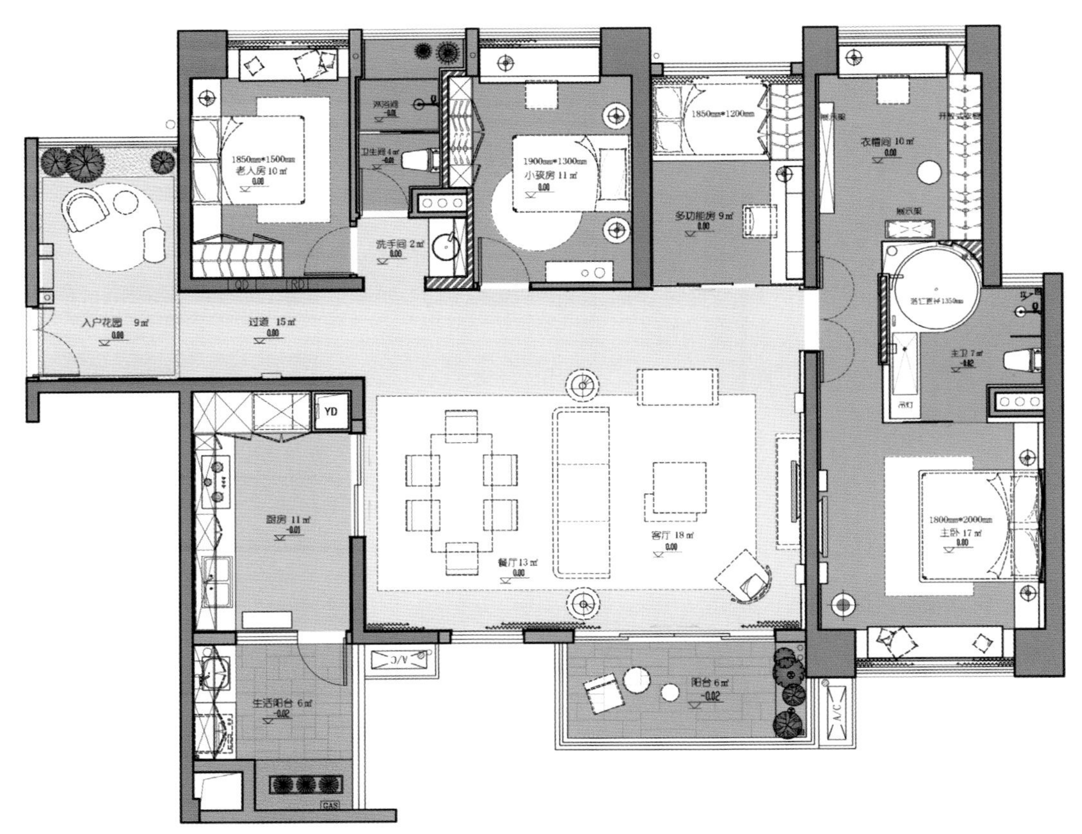
1850mm*1500mm
老人房 10㎡
0.00
卫生间 4㎡
-0.01
洗手间 2㎡
0.00
1900mm*1300mm
小孩房 11㎡
0.00
1850mm*1200mm
多功能房 9㎡
0.00
衣帽间 10㎡
0.00
主卫 7㎡
-0.02
入户花园 9㎡
0.00
过道 15㎡
0.00
YD
厨房 11㎡
-0.01
餐厅 13㎡
0.00
客厅 18㎡
0.00
1800mm*2000mm
主卧 17㎡
0.00
A/C
阳台 6㎡
-0.02
生活阳台 6㎡
-0.02
GAS

平面图

在简约中带有日式禅意，在禅意的空灵中，寻找着中国式的温情。

老人房的设计中，背景墙木纹凸凹的肌理，隐隐浮现的是银杏叶优美的轮廓。

自古以来，银杏就受到世人的钟爱，唐代著名诗人王维曾作诗咏曰："银杏栽为梁，香茅结为宇，不知栋里云，去做人间雨"。同时银杏作为老人房的主题，也有着健康长寿的吉祥寓意。

主人房的背景墙，是设计师与艺术家合作定制的装置艺术品，瓷、藤、麻的材质和从自然中提取的色系，给主人房带来清新自然的气息。

窗映窗

I 住宅 Silver Award 银奖

设计单位：权释设计
主创设计：李冠莹
参与设计：吕丽淳
项目地址：台湾新竹市
设计时间：2015. 02
开放时间：2015. 04
项目面积：204.96 m²
主要材料：天然铜刷木皮、黑色木质地板、灰色系柜体、天然洞石、镀钛、玻璃
摄　　影：林明杰

以窗为概念发想，打开与空间的对话，蜿蜒长长的遐想，用窗景连接每一寸空间，建立起区域与人际之间的交流。

考量屋主对生活机能的需求以及对家的想象，让设计能够兼具理性与感性。屋主所能感受的不仅是空间的氛围，还有与家人相处的真实画面——窗外是精彩人生，窗内是安心生活。

改善原有迂回的动线，重新定义空间格局，将公共区域以 T 字形编排，放大整体空间动线，利用面积优势，以中轴线为核心串联起不同的空件角落，每个视角望去，皆拥有相同又相异的观点。运用灯光及家具家饰安排，引导户外光线与美景进入，在深色内敛的底蕴中烘托家最优雅温柔的表情。

延续公共空间的沉稳底蕴，私领域同样以天然钢刷木及黑色木质地板串联，辅以深色系柜体及天然石材形塑安定氛围，并穿差镀钛及玻璃等反射性材质，活络视觉层次，打造无隔阂感的通透界面。

浴室空间同样在简练单色的美学中，以接近天然石材的瓷砖，表现本身独特的纹理变化，同时置入大量收纳空间，在间接光源柔和烘托下，体现温暖怡情的居家诉求。

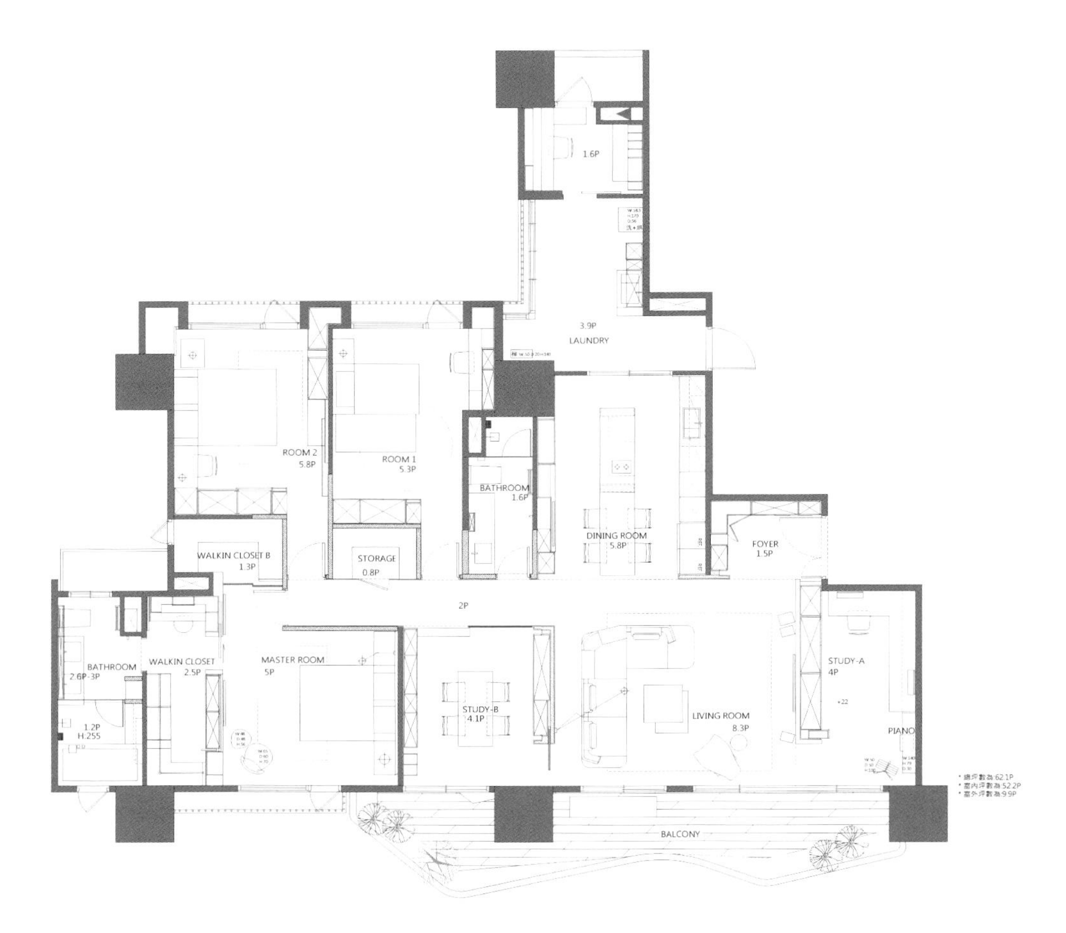
1.6P
3.9P
LAUNDRY
ROOM 2
5.8P
ROOM 1
5.3P
BATHROOM
1.6P
DINING ROOM
5.8P
FOYER
1.5P
WALKIN CLOSET B
1.3P
STORAGE
0.8P
2P
BATHROOM
2.6P-3P
WALKIN CLOSET
2.5P
MASTER ROOM
5P
STUDY-B
4.1P
LIVING ROOM
8.3P
STUDY-A
4P
PIANO
1.2P
H.255
BALCONY

平面图

宽心好居

I 住宅 Silver Award 银奖

设计单位：权释设计
主创设计：李冠莹
项目地址：台湾新北市深坑区
设计时间：2015. 07
项目面积：244.62m^2
主要材料：实木皮、珪藻土、超耐磨木地板、铁件、烤漆面板、宝丽石、系统柜

现代简约的空间以淡雅的素色为主，点缀跳色，让空间有聚焦亮点。整体设计运用铁件、木材、喷漆、石材、玻璃等不同元素混搭，展现无违和的多元层次感。

从玄关进来，可看到地板有一条颜色较深的色带延伸到楼梯并向上，与天花板设计相互对应；随着深色系的横向与纵向发散，不仅可感受空间的视觉延伸，同时也营造出设计的连贯性。

楼梯下方的小区块，是小朋友游戏的秘密基地，墙面使用磁性漆，成为孩子最爱的画板！浅色的公共主空间搭配深色系的楼梯特别显眼，楼板的穿透，让家人间的互动更无死角。

灰白色系的主卧室以斜线木纹点缀，在干净明亮的空间中制造耳目一新的效果；木纹柜体上方的 L 型玻璃就是对内窗，与廊道空间相对呼应。床头部分的灰色区域，是仿清水模的系统柜，保留清水模的利落质地，但温润许多；将常用开关设在床旁，是设计上的贴心巧思。

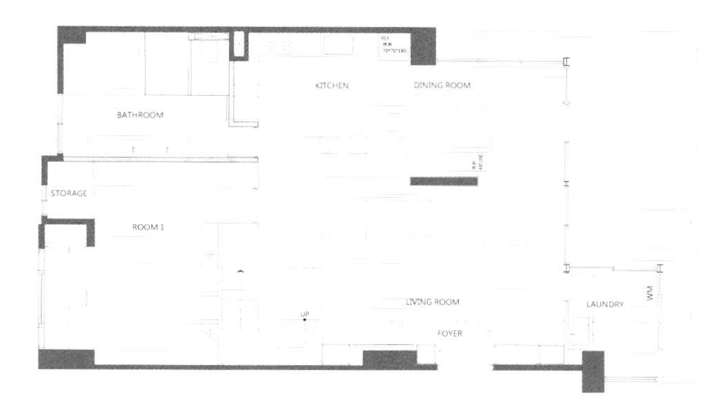

一层平面图

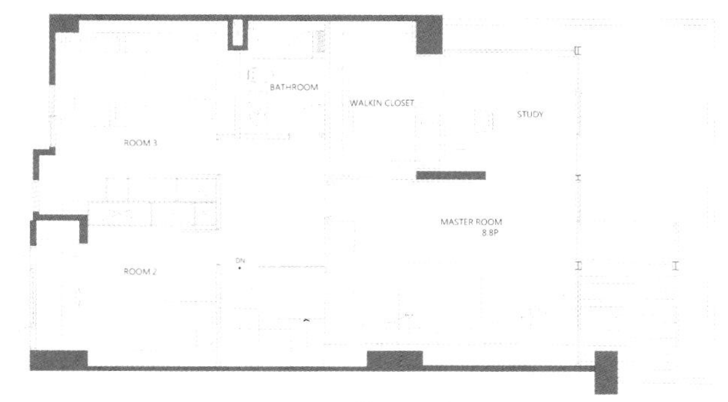

二层平面图

英伦水岸 2 号别墅

I 住宅 Bronze Award 铜奖

设计单位：金元门设计公司
主创设计：葛晓彪
项目地址：宁波东钱湖
设计时间：2014.01
完工时间：2015.03
项目面积：580m^2
主要材料：瓷砖、大理石、蛎灰、硅藻泥、涂料、墙纸、松木、柚木、红橡木、菠萝格
摄　　影：刘鹰

这幢位于东钱湖镇上的别墅，以时尚艺术，经典潮流来表达。在设计与制作过程中倡导环保，大量采用原生态材料。同时为了生活的便利性和节能的需要，整个空间应用了智能系统，让居室显得更加完美。

客餐厅地面的圆弧形大理石拼花形成了独特的视觉感受，简明的黑白两色的运用，又在回转间增添了线面的对比，让人真正体会到设计师在艺术中捕捉视觉之美的能力。客厅的背景以英国诗人拜伦勋爵的爱情诗歌作为主题，通过精巧的木刻制作，呈现出犹如翻阅的书籍般的立体效果，格外的别出心裁。颇为醒目的人物雕塑，为整个空间带来了年轻时尚的艺术感。厨房在空间上呈现最大的开放度，开阔而大气。地下室用有着 80 多年历史的老木头来做顶梁，朴拙的建材带着一种贴近自然的野性，沧桑陈旧的感觉和精致现代的吧台形成鲜明的对比；墙面采用牡蛎壳粉来涂刷，在光线的折射下深浅不一，呈现着不事雕琢的质朴感，自然而环保。

A+
GIFTS FOR
HIM
HER

净·墨

I 住宅 Bronze Award 铜奖

设计单位：朱文燕个人工作室
主创设计：朱文燕
设计时间：2014.08
完成时间：2015.01
建筑面积：135m²
设计主题：现代简约
材　　料：防锈砖　木纹砖　灰色木地板　山纹水曲柳擦色　油白　硬包　钛合金　灰镜

平面布局上改变了餐厅与客厅错开的格局，把原来的四房改为现在的主卧、父母房、多功能房三房。主卧带衣帽间及主卫，父母房带储物间，多功能房则兼具储物书房客房功能。整个空间采用直线条的设计，在材质的选择上，不论是硬包还是金属的边框，不论是黑镜还是烤漆的柜门，都是质地硬朗、质感细腻的材料。地面和顶面色彩的对比使整个空间的延伸感无限扩大，同时抑制了空间的乏味感。搭配上半通透式的隔断，增添了空间的层次感。在家具的选择上，不再继续着眼于黑白灰，而是采用更加大胆的色块拼接餐椅组合，丰富屋内色彩。灯具的选择上则摒弃了复杂的吊灯，采用辅助光源和落地灯搭配的形式，让整个室内更加素净。两个隐形门的设计，规避了墙面上不必要的突兀元素，让墙面更加完整，同时也让客厅餐厅完全自然地融为了一体。

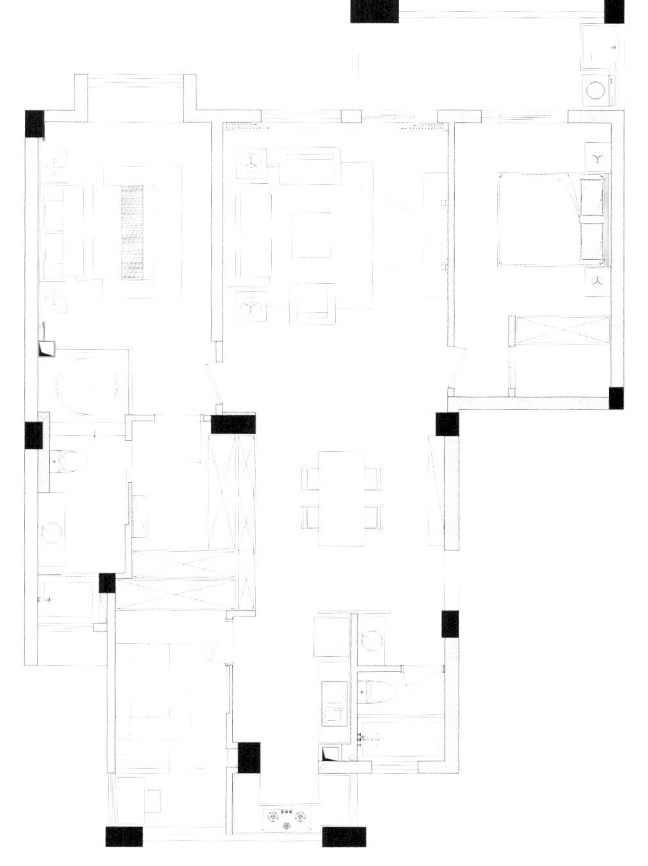

平面图

凯旋花园公寓设计

I 住宅 Bronze Award 铜奖

设计单位：十上设计事务所

主创设计：陈辉

项目地点：福建省福州市凯旋花园

设计时间：2014.09

竣工时间：2015.04

项目面积：130m^2

工整的线条，考究的材质和设备，毫无多余的配色，使整个空间利落得如同高端地产的样板间。这种利落简洁足以满足主人的日常生活需求，开放式厨房足以应付日常烹饪的要求，精巧的就餐区让主人在忙碌的工作之余能够感受到在家用餐的温暖和甜蜜；夜幕降临，悬空的投影幕缓缓落下，片头音乐响起，一场不输影院的视听盛宴就此上演。

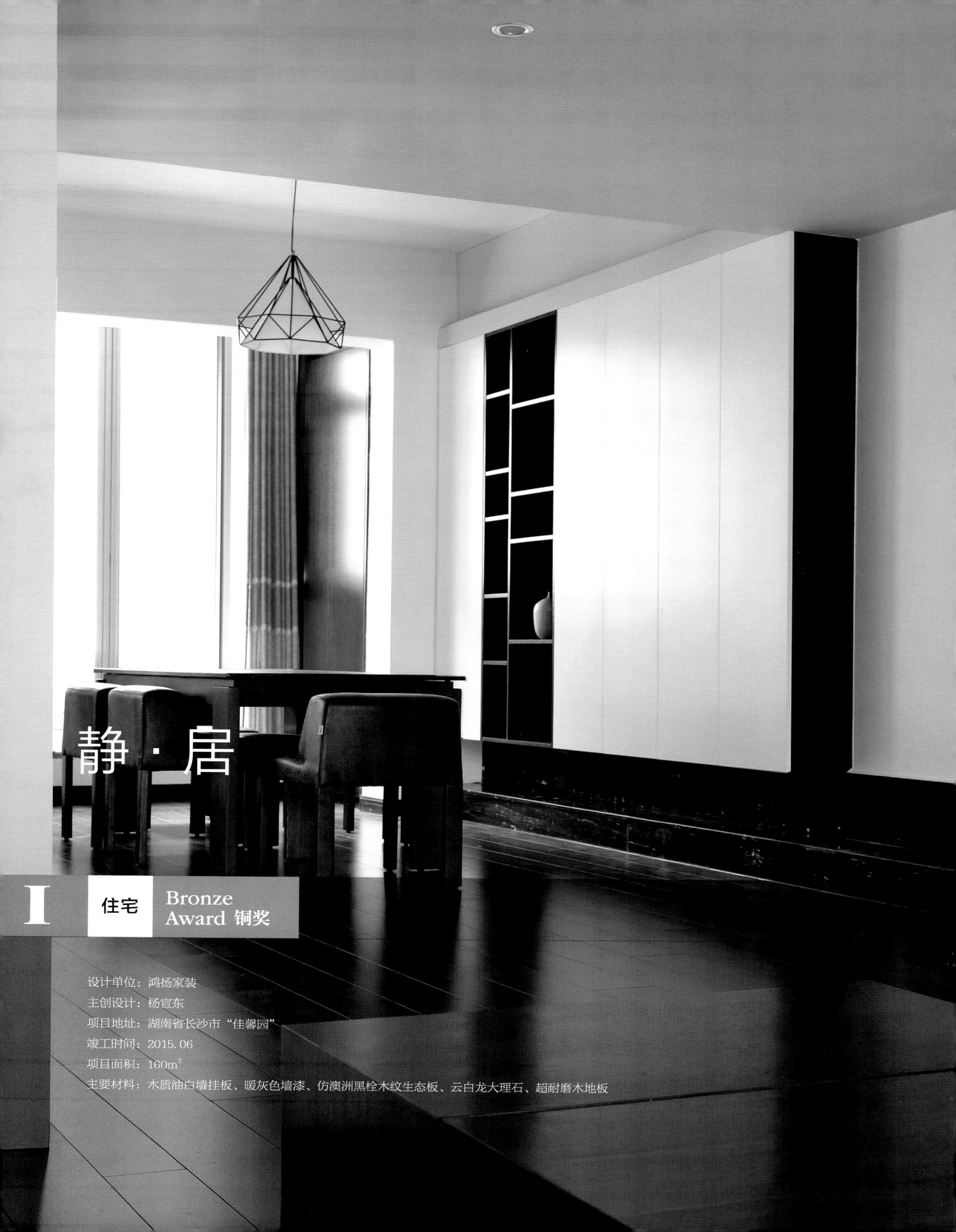

静·居

I

住宅 Bronze Award 铜奖

设计单位：鸿扬家装
主创设计：杨宣东
项目地址：湖南省长沙市"佳馨园"
竣工时间：2015.06
项目面积：160m^2
主要材料：木质油白墙挂板、暖灰色墙漆、仿澳洲黑栓木纹生态板、云白龙大理石、超耐磨木地板

静居 · 自逸

清静的环境可以使人安逸、轻松。

空间由黑与白的体量串起整个居所。连续的结构随着视线的移动，时而靠近，时而疏远，在虚实之间勾画空间。

生活在现代压抑空间之下的芸芸众生，每个人都需要一个精神上的释放，一个可以静思冥想的居所。

因为爱，所以表态。

空间穿透使我们在自在中了解彼此。

好感不言而喻。

耐磨的木地板分割了主要的空间：门厅、客厅、餐厅、厨房、中厅。

经分隔后，客餐厅使用云白龙大理石作为连贯的形体，以黑栓木纹格板贯穿空间的白色墙面与其交叠，使空间整体连贯。

黑色木纹格板记录着生活的记忆，白色墙面营造着生活的安静与轻松。

厨房餐厅的导台诠释着生活的态度，客厅角落的白色陶瓷瓶和黑色枯枝营造着艺术的氛围，足可以让人有容纳世界的胸怀。

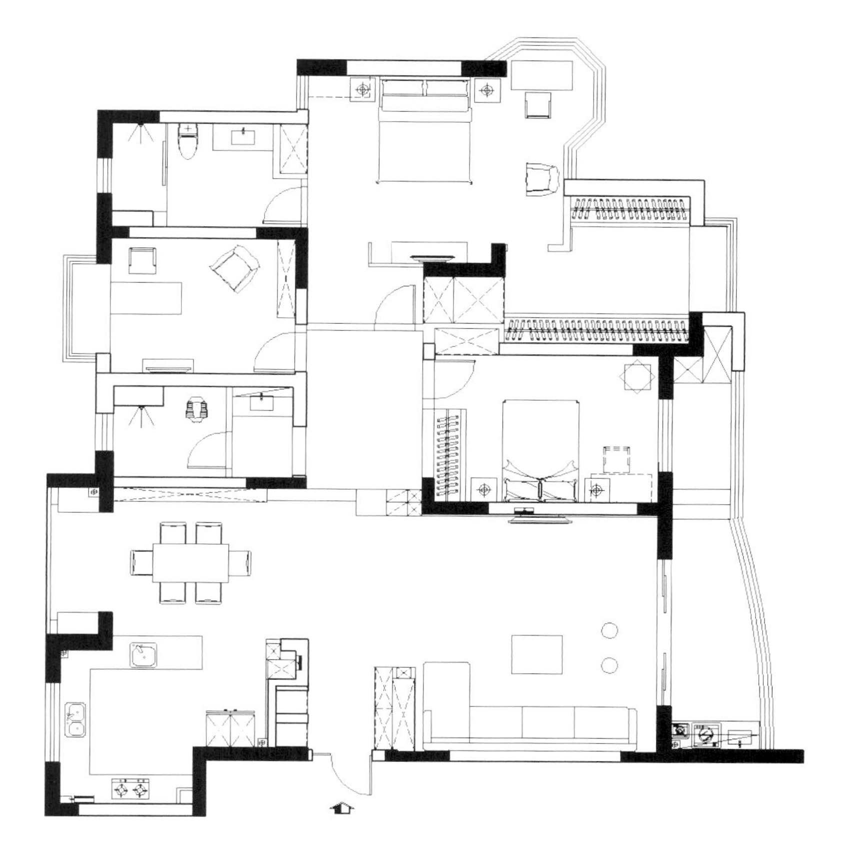

平面图

第十八届中国室内设计大奖赛
优秀作品集

A COLLECTION OF GREAT WORKS FOR
18TH CHINA INTERIOR DESIGN GRAND PRIX

方案类

SKY PARK

J 概念创新 Gold Award 金奖

设计单位：北京鲁小川文化创意有限公司
主创设计：鲁小川

SKY PARK 地处城市核心商业地带，是集潮流商铺、社团、餐饮、娱乐、艺术等功能于一体的大型商业综合体。

其前身曾是 70 后、80 后体育迷们的购物天堂，因此这片土地有很多值得 70 后、80 后回忆的事物。

围绕这个地方独特的时代烙印，我提出“致童年”的设计构想，以童年及回忆为出发点，展开概念构思。力求在设计上和消费者产生共鸣，让回忆穿插在整个项目之中，以此区别于类似商业体，让

在此购物、娱乐的人们在快乐的同时感受到一份温情。

整体室外地上门头方案以儿时的玩具“七巧板”为设计概念，在符合功能要求的前提下，通过解构和变形得出了设计师也意想不到的全新形态，配以七种鲜艳的色彩区分七个入口，让消费者能够清晰并且准确的区分方位。

门头附近以及广场上的气球雕塑也好似我们童年曾经放飞的梦想，门头的色彩顺势引入室内及峡谷区域，我希望呈现出如同巧克力融化一般的斑斓色彩，为整个空间增添一份童趣。

进入室内商铺区域，商铺门头和走廊区域模块化是比较难统一的。在这里，充满童年回忆的现代艺术及雕塑座椅会不时地让人会心一笑，消费者不仅得到一份购物的欣喜，更得到一份珍贵的回忆。

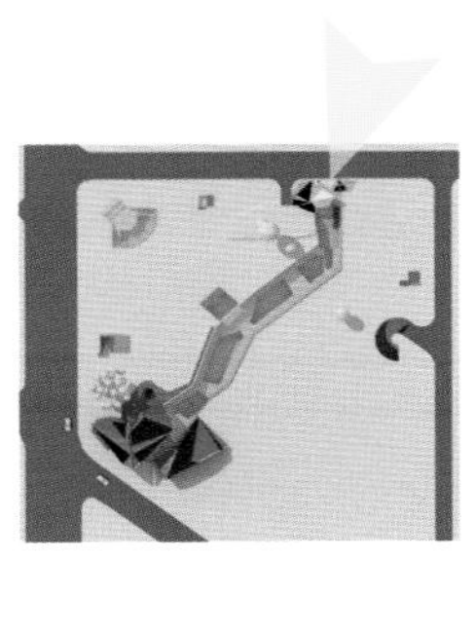

ZARA
ZARA
STARBUCKS COFFEE
C&A
fashion you choose

领地健身俱乐部

J 概念创新 Silver Award 银奖

设计公司：深圳市大成哲匠装饰设计工程有限公司
主创设计：黄昆龙
参与设计：方晓华、陈少安
客户名称：炳和集团
项目地点：深圳市南山区白石洲白石路京基百纳广场 B1-02 商铺
项目面积：2000m²
主要材料：艺术灯膜、地毯、黑镜、墙纸

“直线属于人类，曲线属于上帝”。而设计的出发点是为人，取决的素材灵感则是自然，利用堆叠的线条以及自然的纹理，将人的需求及人对于环境的渴望结合，以冷色调为主，搭配上简洁、时尚的设计，使整个项目彰显出国际风范，强化了热情而优雅这一设计理念。

前厅：设计师运用几何线条贯穿了整个空间，这些线条让人联想到身体肌肉的线条，同时加入运动元素，创造了一个自由而且流动的空间，既可展现年轻又充满激情的运动场所。

休息咖啡区：设计师以“圆形是完美的图形”这一理念为基础，打造了一个休息空间，让冰冷的健身区得以舒缓。

运动区：在玻璃纤维打造的强有力的雕塑带来的灵感下，设计师决定将整个空间的吊顶设计为曲面，这些吊顶沿着不同的方向无规则地倾斜，给予了空间一种流动感、动态性以及乐趣。

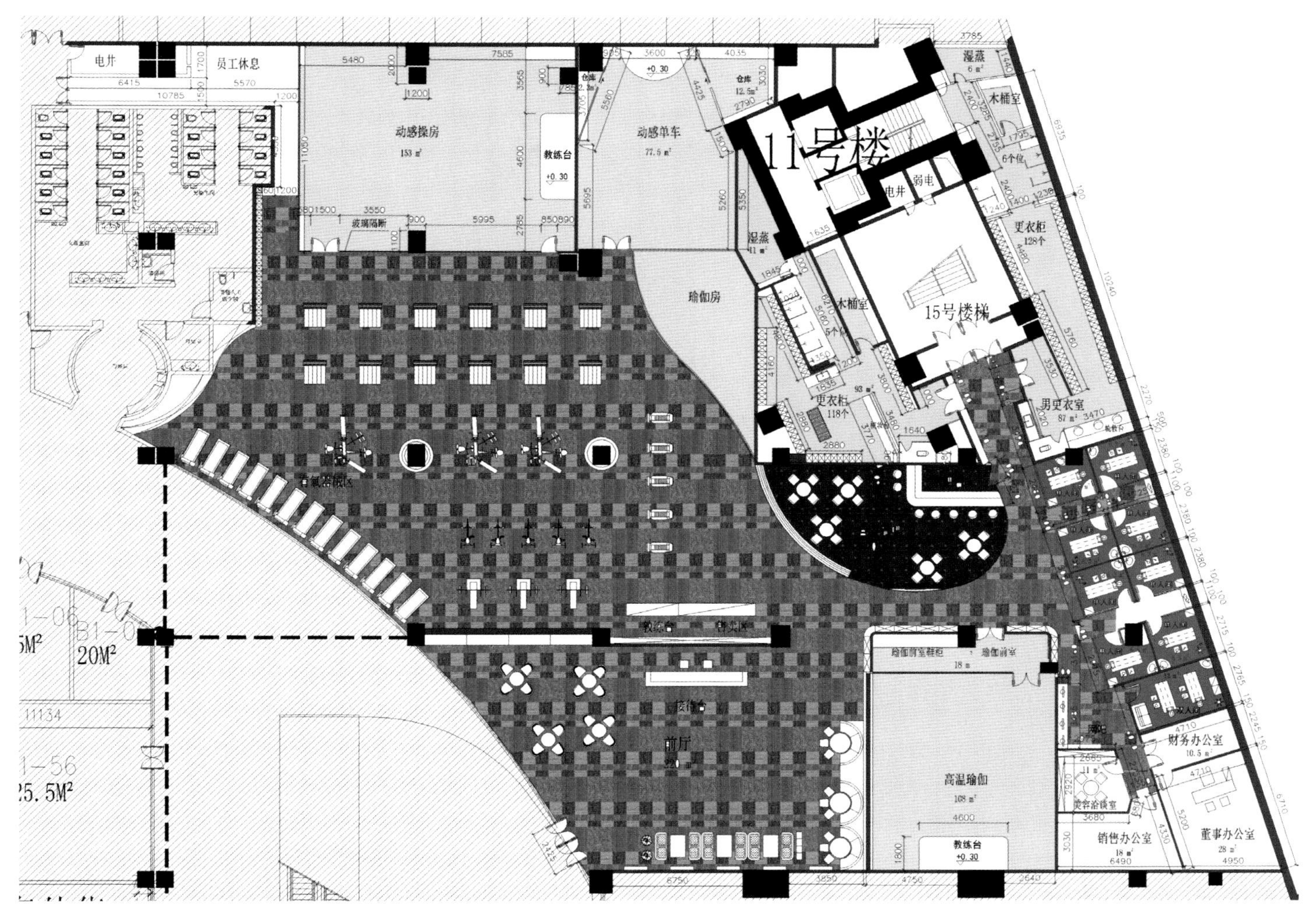

电井
员工休息
动感操房
153 ㎡
教练台
+0.30
动感单车
77.9 ㎡
11号楼
湿蒸
木桶室
6个位
弱电
玻璃隔断
更衣柜
128个
瑜伽房
15号楼梯
更衣柜
118个
男更衣室
87 ㎡
前厅
高温瑜伽
108 ㎡
财务办公室
10.5 ㎡
销售办公室
18 ㎡
董事办公室
28 ㎡
20M²
25.5M²

平面图

郴州矿博会精品展馆方案设计
——矿石邂逅

J 概念创新 Silver Award 银奖

设计单位：长沙市百联装饰设计工程有限公司郴州分公司
主创设计：周俊、周慧
项目地址：湖南省郴州市桔井北路石墨加工厂内
设计时间：2014. 09—2014. 10
开放时间：2015. 05
项目面积：460m²
主要材料：烤漆玻璃、木地板
效果图制作：曾维欢

矿博会精品展馆

珍稀原石
精品宝石

郴州矿产资源丰富，有“中国有色金属之乡”的美称。2015年五月份将在郴州国际会展中心举行全国矿博会，作为湖南最集中、最典型的矿物资源集聚区，郴州将承接这样一个亚洲第一的博览会。宝石矿物是一门高端的艺术，应该有个很好的平台来展示它，由此设计了一个将时尚与矿石的美相结合的郴州矿博会精品展馆，我们希望在时尚的基础上体现矿石的原生态美感。

设计工作主要是利用了工厂的原始状态，稍加改造后，既保留了工厂的元素，也增添了展馆的时尚感，材料上运用了木地板和烤漆玻璃。

展台运用黄、黑两色烤漆玻璃，体现精致与时尚的视觉效果。黄色代表着积极，象征着矿工的积极劳动，同时也代表着财富；黑色作为搭配色，沉稳内敛，使矿物的陈列看起来更加高贵。

我们意在展示时尚色彩与矿石的完美结合，营造一场与矿石的邂逅。

平面图

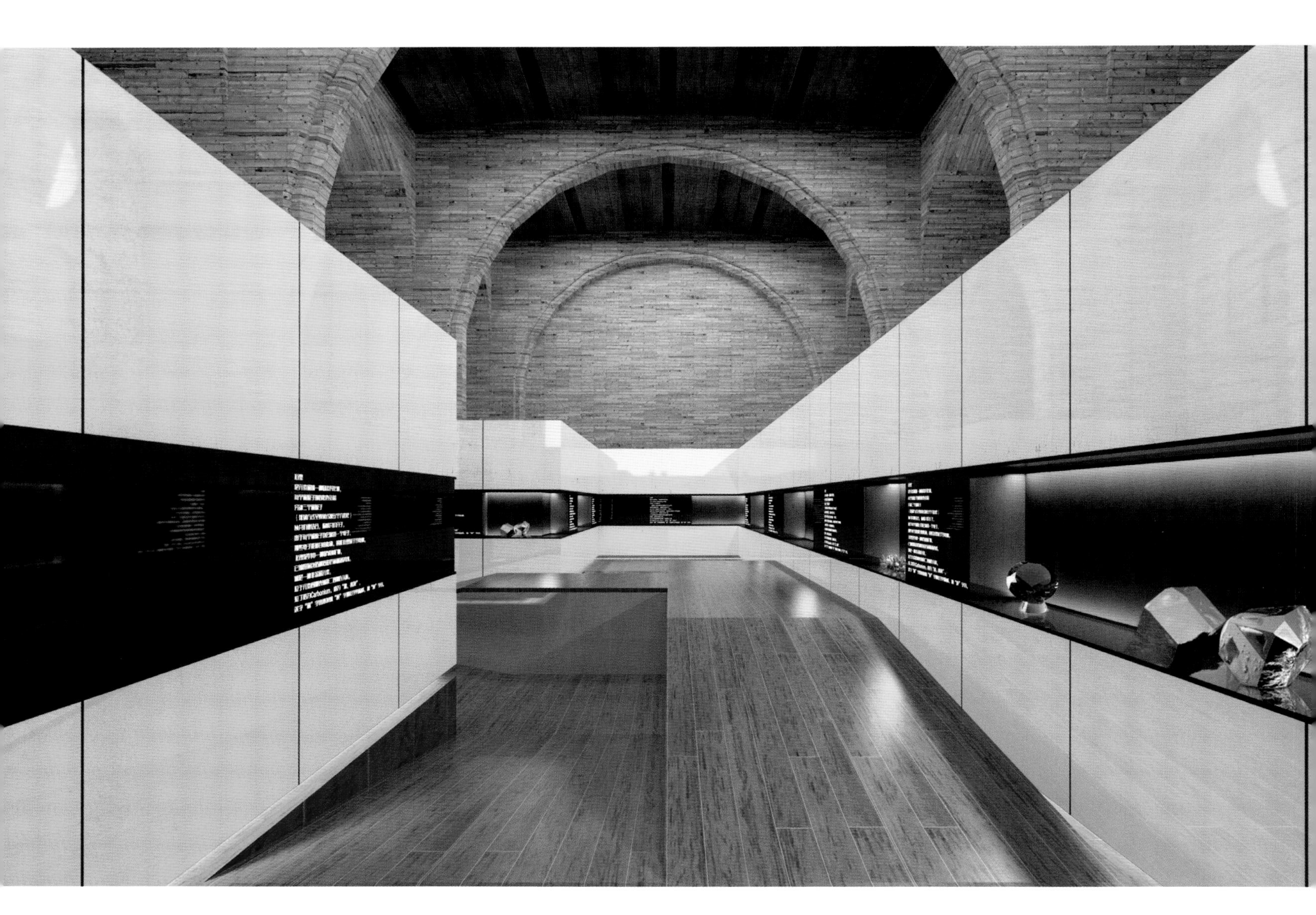

翰墨兮影

J 概念创新 Silver Award 银奖

设计单位：湘苏建筑室内设计事务所
主创设计：徐猛、帅蔚
参与设计：陈昕昊、徐煦宏
项目地址：湖南省长沙市
设计时间：2015. 02
开放时间：2015
项目面积：约 380m^2
主要材料：环氧树脂地坪漆、黑玻璃、原木构件

项目地处王府井商业广场的裙楼商业，周边多为高端写字楼，商务白领及成功人士聚集地。

本案定位为高端餐厅会所这样一种全新的商业创新模式，引入中国传统的茶文化，为少数商业精英人士提供星级的交流平台。

设计思路融入极具中国传统特色的“墨”以及原木构件，取其意境，开发其新的表现形式，使空间呈现出时尚、国际、高端的感觉，同时能在空间感知到其所散发的五千年中国文化的内涵。

筑室

J 概念创新 Silver Award 银奖

项目名称：长沙保利林语墅建筑师宅
设计单位：美迪赵益平设计事务所
主创设计：赵益平
参与设计：匡颖智、徐一龙
项目地址：湖南省长沙市保利林语墅
设计时间：2015.04
开放时间：2016.01
项目面积：300m²
主要材料：榉木原木、钢板、发光软膜、水泥、太湖石

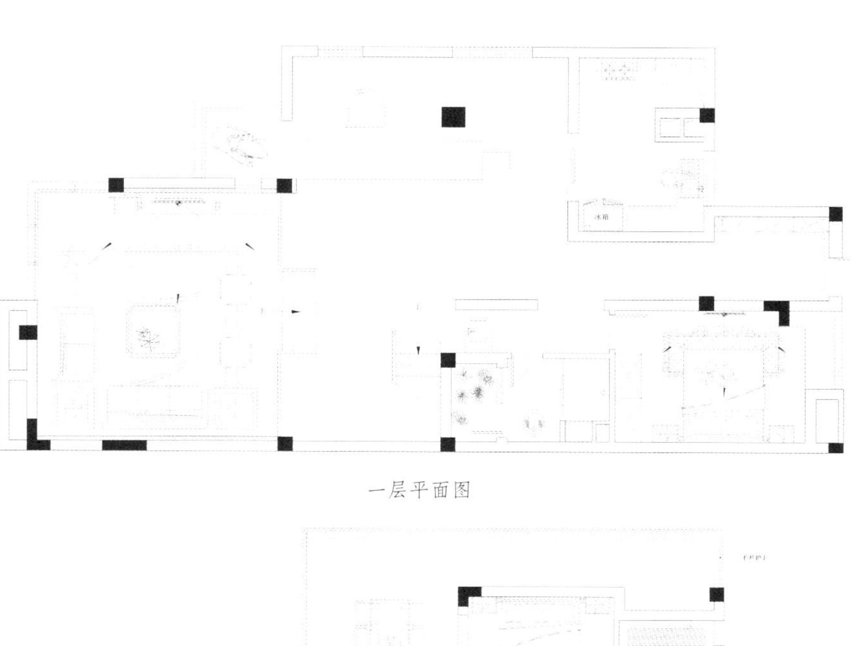

一层平面图

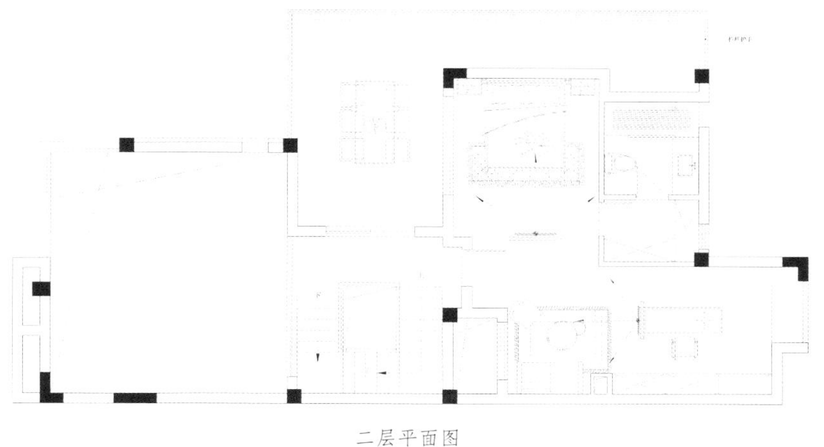

二层平面图

本案是受一位从事建筑设计工作的海归朋友委托。其从小就背井离乡随父母定居海外，但因为体内流着炎黄血脉，所以对东方文化有一种与生俱来的情结。在交谈的过程中，甲方特别提到苏州园林、太湖石、苏州博物馆及吴侬软语的江南气息，于是我们便有了对本案的构思。

看过了太多的浓墨重彩，我们的视觉追求也随之在改变。停下匆忙的脚步，品尝一壶西湖龙井，赏一幕烟雨蒙蒙，这应该就是他心中的故乡。亲近自然的建筑本身达到内心的安宁与静谧是一个好办法。将苏州园林的造景手法穿插在室内空间中，让顽皮的树枝在空间中玩捉迷藏的游戏，一会儿站在窗外，一会儿攀上墙头，一会儿藏在床后。巨幅的水墨画为整个空间营造出“烟云过眼皆凡尘，雨弱风闲绕绿荫”的意境。我们希望从点、线、面出发，用最原始的建材，结合阳光、庭院植物等元素，营造轻松自然的生活气氛，让其成为本案的亮点。将庭院的盎然春意，引入室内，将空间内原有的沉闷一扫而光。

在拆除了不合理的墙体后，宽敞明亮的毛坯建筑便呈现出来，空间变得豁然开朗。经过空间的分割后，每个空间都有了自己的功能，同时又互相关联。

我们采用自然简单环保的材料作装饰来诠释这个空间，所以选材特别考究。我们希望通过水泥在墙面与地面上的表现，展现出建筑的原有形态，通过使用黑色钢架边框，使空间更具时代感，更加有力量，再借用软膜的特质，做出水墨意境，使整个空间灵动起来。全房采用落地玻璃窗，将室外的景色引入室内，让室内更多一份生气。对于建筑主体，我们想保留建筑设计的初衷，用最基础的材料进行简单地修饰，使得空间清新自然，打造出一个海归建筑师的家。

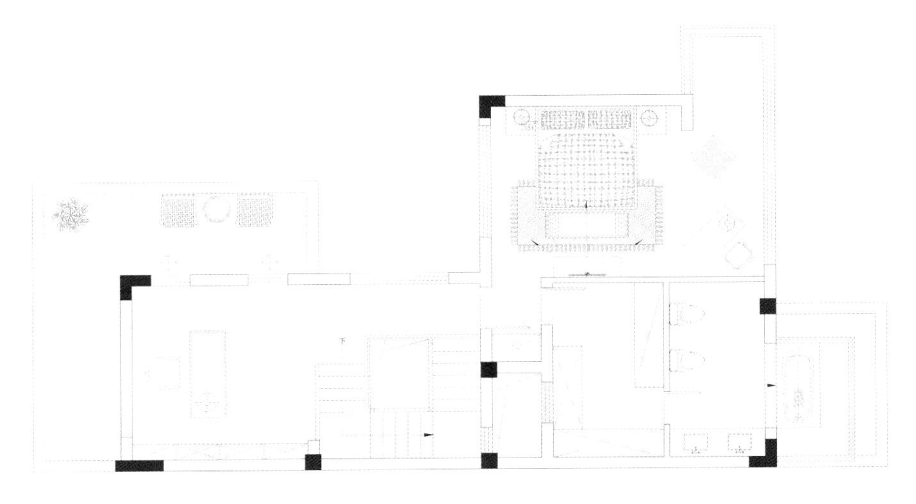

三层平面图

唯漫时光

——华夏御府 A6 地块别墅样板间

J 概念创新 Bronze Award 铜奖

设计单位：PINKI DESIGN 美国 IARI 刘卫军设计师事务所
主创设计：刘卫军、袁朝贵
参与设计：张慧超、黎俊浩
陈设设计：PINKI DECO 知本家陈设艺术机构
陈设师：李莎莉、黎俊浩
客户名称：云南华夏房地产有限公司
项目地址：云南省昆明市
项目面积：$858m^2$
主要材料：艺术玻璃、大理石、金属、墙布

项目概况：“华夏御府”精工雕琢，无论是景观小品，还是建筑用材，均采用高级定制；著名设计大师更亲自操刀，为项目内150米的蜿蜒小溪设计绿谷澹溪。项目以新亚洲风格为建筑灵魂，以地域人文为根基，融合西方文化艺术，创造出独一无二的人文艺术体验，展现新亚洲之美。“华夏御府”着力打造人文艺术居住社区，浪漫观景私园、休闲运动私园、雕塑花艺私园、儿童游乐私园、四水归堂私园、主题高尔夫私园、滨河景观私园，七大私家专属园林为业主量身定制。“华夏御府”，引领昆明城市品质生活全新高度。“华夏御府”据守滇池路中心地段，属滇池东岸唯一的千亩大盘。项目遥望西山滇池，坐享采莲河、船房河，环境无与伦比。纵享师大附中等知名学府，南亚风情第壹城、摩根道等八大大型商业，周边医院交通等城市核心配套成熟完善，顶级名校武成小学也确定进驻项目。

商业定位：打造一个能代表华夏地产品质的优质项目，寻求主题文化定位与项目的完美契合点，完成价值的对接与转化，引领昆明城市品质生活全新高度。

设计策略：以时尚的语言符号链接中西方文化精华来倡导和构建国际现代化的生活方式。

主题解析：一种心随自然的美好享受，一场身浸人文的华丽体验，白驹过隙，唯漫时光与自然不可辜负。

设计说明：本案力求打造一幅自然和谐之美的生活场景，令人远离都市的喧嚣，让心灵回归本源，回归宁静，从而享有真正意义上的质感生活。破除中式的沉闷，构建一种超然脱俗的、能够满足灵性需求的意境，以求得一份沉稳优雅，唤醒对生活的哲思。主材以极具质感的艺术玻璃、大理石、金属、墙布为主，色彩系统则由尊贵典雅色系、沉稳大方色系、舒适休闲色系、温馨优雅色系、轻松愉悦色系构成。不可忽视的时尚语言符号让相对沉静洗练的文化元素明亮起来，一如整个空间的精神。

揽素

J 概念创新 Bronze Award 铜奖

设计单位：湘苏建筑室内设计事务所
设计主创：陈昕昊、帅蔚
参与设计：徐猛、徐煦宏
项目地址：湖南省长沙市
设计时间：2015. 03
开放时间：2016
项目面积：$360m^2$
主要材料：环氧树脂地坪漆、实木贴皮、老木、黑玻璃

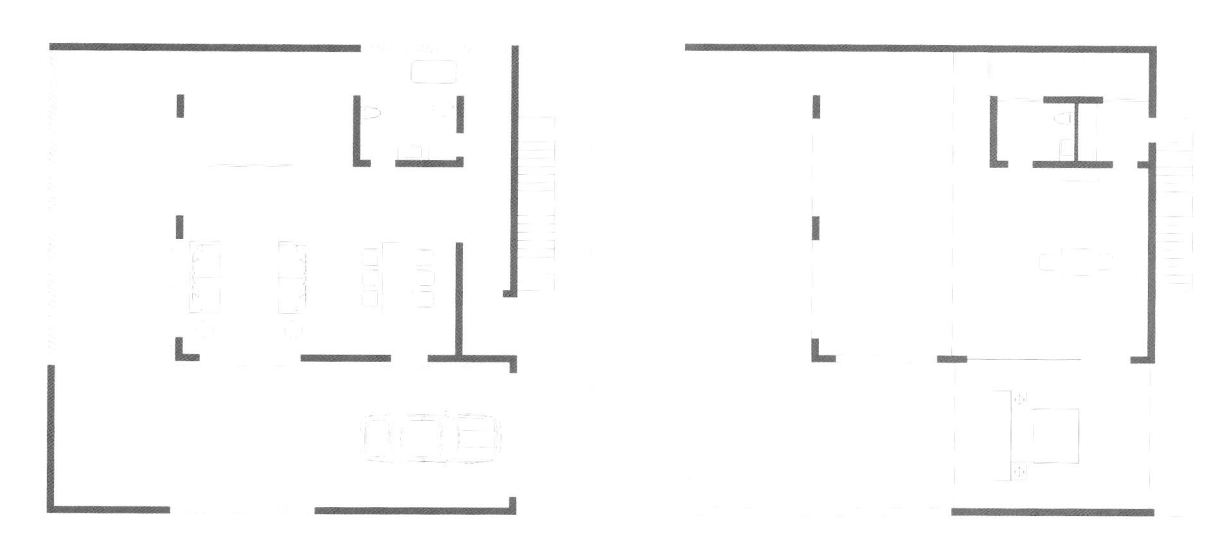

平面图

项目为度假别墅，每一栋自带内庭院，但由于建筑密度相对较大，委托方要求在规划基础上尽量开放空间，所以我们在设计上尽量把窗做大，让空间相通，开敞明亮。

设计定位上为极简主义。光合空间，考究的家具陈列。

材质、灯光、角度勾勒出空间层次与线条，提升空间品位，打造自由轻松的度假生活。

墨言

J 概念创新 Bronze Award 铜奖

设计单位：湖南美迪装饰工程有限公司

主创设计：谭绪

用现代元素演绎中国传统文化，在对中国当代文化充分理解的基础上进行设计。风格不是元素的堆砌，而是通过对传统文化的理解和提炼，将现代元素与中式水墨元素相结合，以现代人的审美来打造富有传统韵味的空间，让传统艺术在当今社会得以体现，将其中的经典元素提炼并加以丰富，同时摒弃原有空间布局中等级、尊卑等封建思想，给传统家居文化注入新的气息！

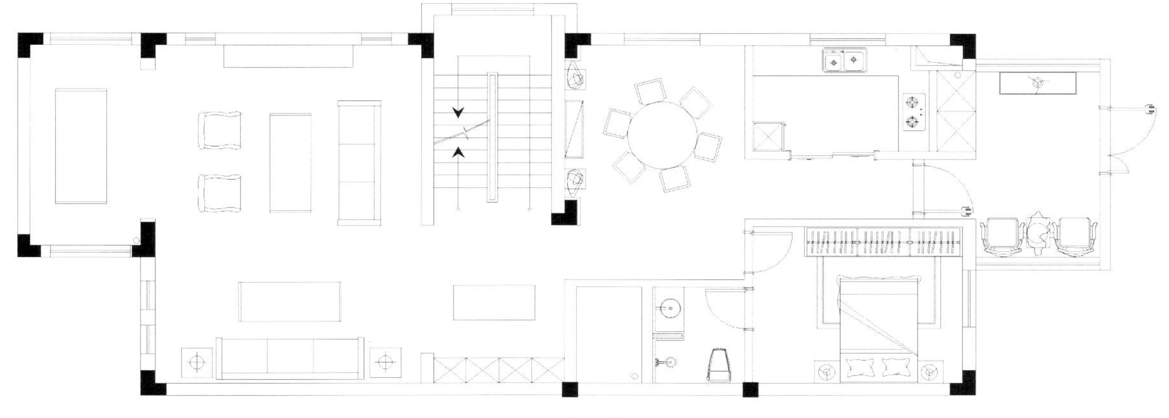

平面图

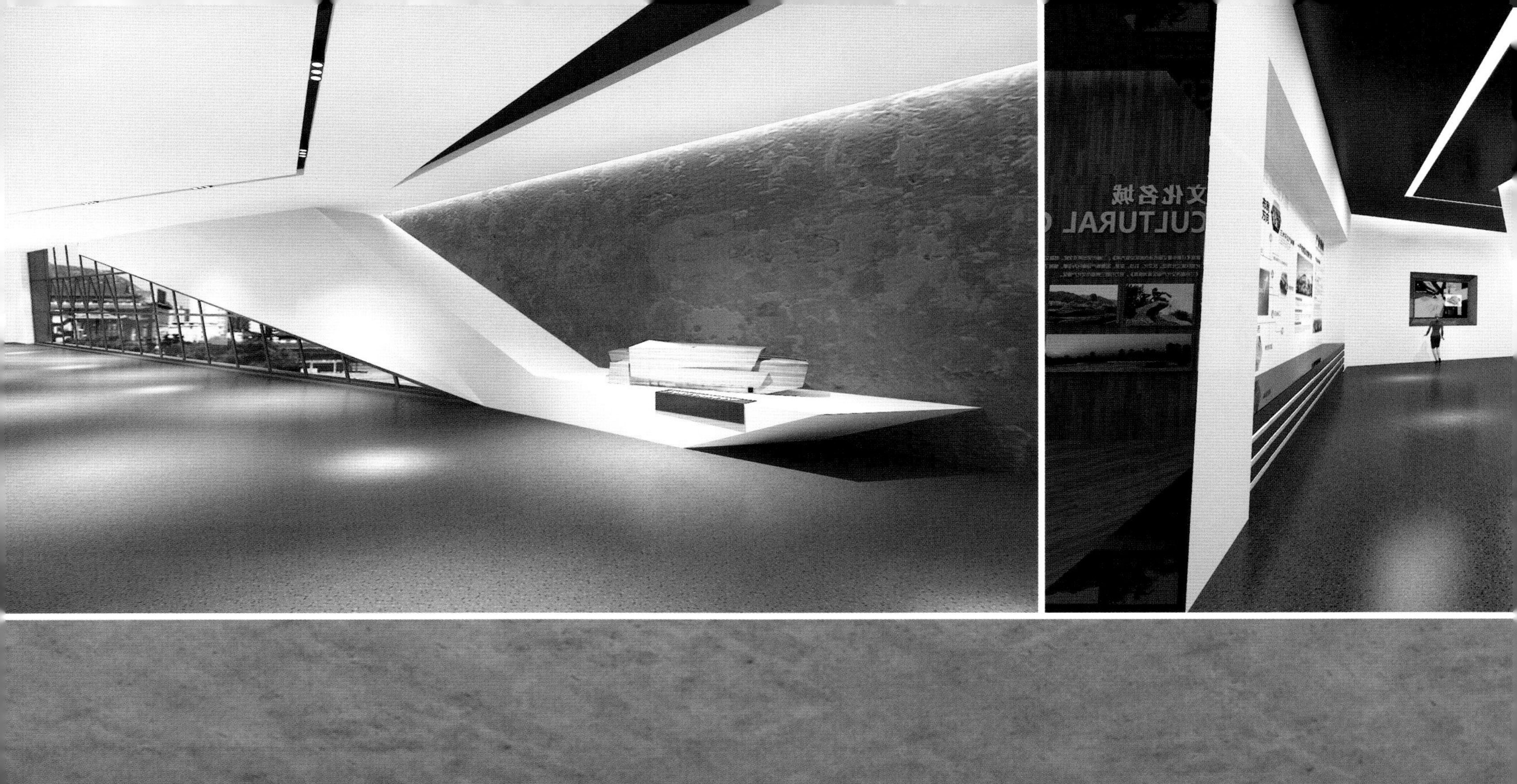

兰州城市规划展览馆

J

概念创新

Bronze Award 铜奖

建筑设计单位：中国建筑设计研究院

建筑师：崔愷

布展设计与施工单位：上海风语筑展览有限公司

主创设计：李晖 刘骏

参与设计：肖柏峰、由栋栋、程斌、蔺想得、徐洁、庄燕

项目地址：兰州市城关区北滨河东路甘肃会展建筑群西侧、欧洲阳光城南侧

设计时间：2014.05–2015.05

项目面积：15 000m^2

主要材料：清水混凝土、地胶垫、白色乳胶漆、黑色烤漆玻璃、木工板等

项目创作背景

近年来，随着城市建设与发展，城市规划展览馆已成为展示城市形象的一个重要窗口，也是展示一座城市悠久历史和城市规划建设的重大成就，调动市民参与城市规划的热情和积极性，汇聚海内外专家学者开展城市建设学术交流的一个重要平台和载体，其独特的功能在城市规划建设中具有不可替代的作用。

为了充分展示兰州城市规划的发展历史和未来发展蓝图，兰州市委、市政府在认真研究、深入讨论和广泛论证的基础上，决定建设兰州城市规划展览馆。该项目位于城关区北滨河东路，东临甘肃省会展中心，南依黄河，交通便利，地理位置优越。项目总建筑面积约 1.5m^2，方案充分运用现代高科技手段，通过建筑沙盘、影片图像等形式，集中展现兰州市城市规划建设成就，建成后将成为展示兰州市形象的新名片、外界了解兰州的新窗口、专家交流信息的新平台和兰州城市旅游以及文化消费的新景点。

设计主题及功能空间

兰州城市规划展示馆以“黄河之都 · 丝路核心 · 大美兰州”为设计主题，遵循“智慧”“生态”“体验”“亲民”四大原则，打造兰州市 “城市窗口”。

设计中，以黄河为主线贯穿整个展馆的四层空间，构筑了八大主题空间：

一层包括：大河之韵 · 城市印象篇、大河之源 · 历史人文篇、大河之舞 · 建设成就篇；

二层详解：大河之势 · 战略视野篇、大河之美 · 专项规划篇；

三层涵括：大河之律、重点区域篇；

四层设置：大河之境 · 区县规划篇、大河之梦 · 未来城市篇。

设计思路

针对本案我们在设计理念上也进行了大胆的创新和突破，目的是打造不一样的规划馆，坚持室内布展、建筑理念、城市特色的完美融合。设计上延续建筑形态取“黄河石”的建筑意向，将建筑本身的概念在展馆内部进一步演绎升华，形成“现代简洁富有张力”的空间形态；并融入了“市花玫瑰”“黄河风情线”“一路一带”等近十种城市元素，抽象化演绎兰州正逐步变为西部重要的“钻石节点”的发展理念。同时思考最大化实现公众参与性，通过创新型参观模式、复合式功能空间、大型亲民互动技术、观憩相辅的多元休息区，使其成为人气热馆。目的是打造一座“全国省会第一，兰州城市特色，国际创新理念”的独一无二的展览馆。

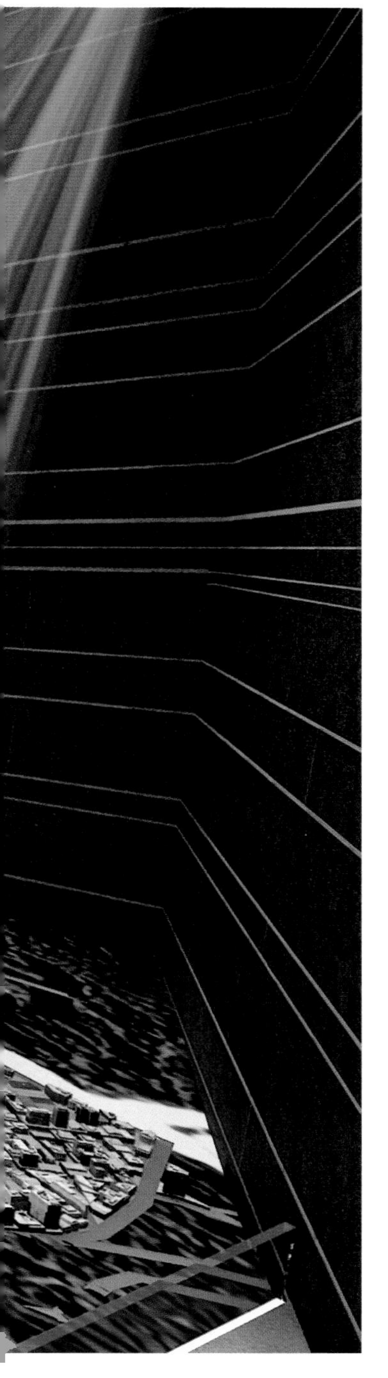

游园追梦

J 概念创新 Bronze Award 铜奖

设计单位：湖南安漫室内设计有限公司

主创设计：周磊光、朱春林

参与设计：林建明、陈瑞娟

项目地址：湖南省长沙市红星国际会展中心

设计时间：2015. 06

项目面积：800m^2

主要材料：纱、ETFE 膜、原木、亚克力雕刻

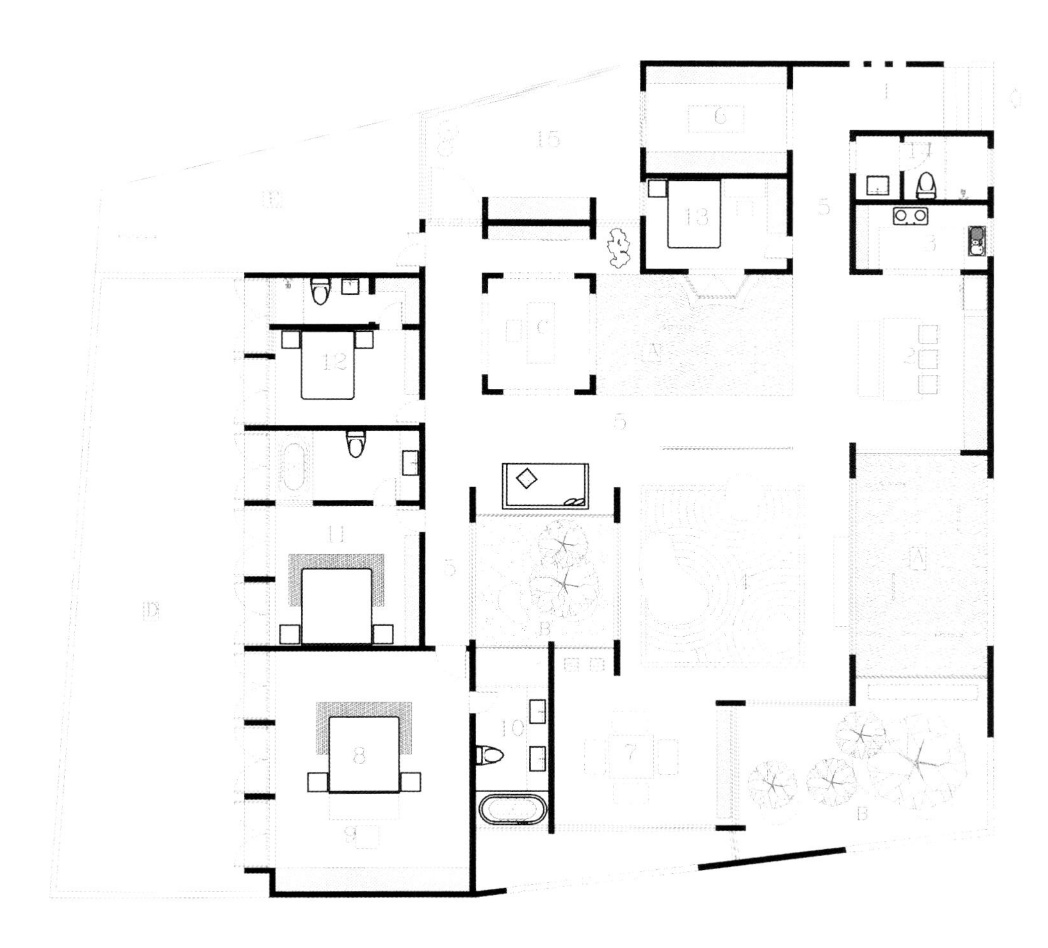

平面图

本案是某家纺企业的城市展厅，结合产品自然、环保的特质，营造良好的空间体验。整体空间布局紧凑，在满足使用功能的前提下，融入造园的概念，通过现代的表现手法，采用借景、框景、叠石理水的方式，形成步移景异、窄巷观天、小中见大之趣。

打破固有的空间格局，将该家纺公司自己生产的纱，与钢构围合出如梦的空间。重构传统的合院，景观与功能空间融合带来有趣的对话与交流。水景中抽象的太湖石、被纱遮住的竹林、被薄膜包围的半亭，错落有致，似梦非梦，妙趣横生。

其实，每个人内心深处都藏着一片园林，只不过都被一扇无形的门遮挡着。当你推开这扇门，便会看到许多以前不曾留意的东西，真正契合于内心，它们不在你的梦中，就在你的眼前……

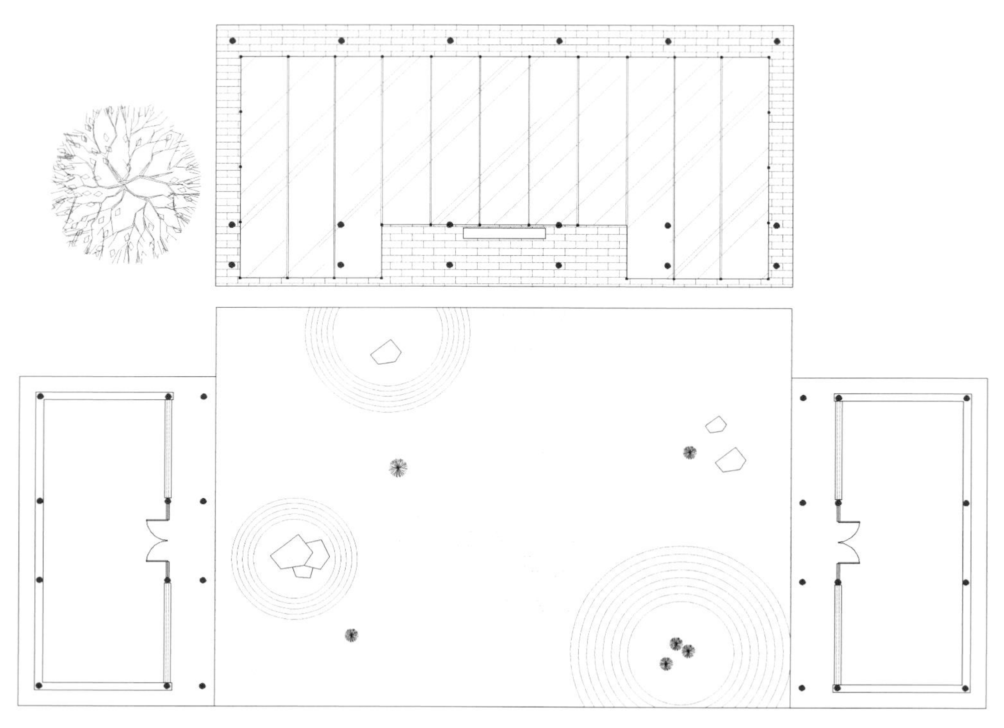

平面图

设计单位：鸿扬家装

主创设计：李宏亮

项目地址：湖南省望城靖港古镇

设计时间：2015.05

项目面积：1000m²

主要材料：钢化玻璃、方形钢架、青石板、青瓦、青砖

项目背景

该项目为古镇旧建筑的改造再利用，所在地位于湖南省望城县，占地1000平方米。原建筑在古镇的西面，周边青山如黛，绿树成荫，建筑依山傍水环境优美。本方案的设计构思是去掉非结构墙体，保留柱顶的纯结构框架，再植入全金属玻璃盒体，保留两边的旧建筑，只做简单的翻新改造，庭院部分则改造为本地石与水景的结合。运用玻璃和钢等现代材料制作新盒，设计手法简单纯粹，没有多余的装饰，旧材新用，代表文化和思想的传承。

设计构想

老建筑的稀缺性：随着中国经济的高速发展及城市化进程的加速，人们习惯了大拆大建的简单思维，不少城市为建新城，拆老城也拆老建筑。盲目地拆老建筑，就等于“销毁”一个历史档案。中国的历史痕迹在快速消失，我们的子孙成了迷失无根的“新”一代。如何使老建筑得到充分的尊重与保护？

老建筑的再生性：一百年的历史在这座院落中累出的时间碎影被尽量保留下来，存储着一个世纪的回忆，设计师尝试使当代的建筑与传统的结构共生。轻盈而近乎无形的新建筑体与沉重而强势的旧建筑体形成对比。新建筑体植入、穿插、独立于旧建筑，玻璃和钢等现代材料贯穿于建筑之中，它们通过自身的反射性向旧建筑表示着敬意。房檐陡峭的老房子，轻盈无形的现代玻璃和钢架，置身其中，仿佛在与历史对话。

素禅

K 文化传承 Silver Award 银奖

设计单位：深圳市大成哲匠装饰设计工程有限公司

主创设计：黄昆龙、方晓华

参与设计：陈少安、康松彬

项目地址：深圳市福田区华强北振中路与上步路玮鹏花园

项目面积：1000m^2

主要材料：花岗岩、仿古砖、绿植、竹子

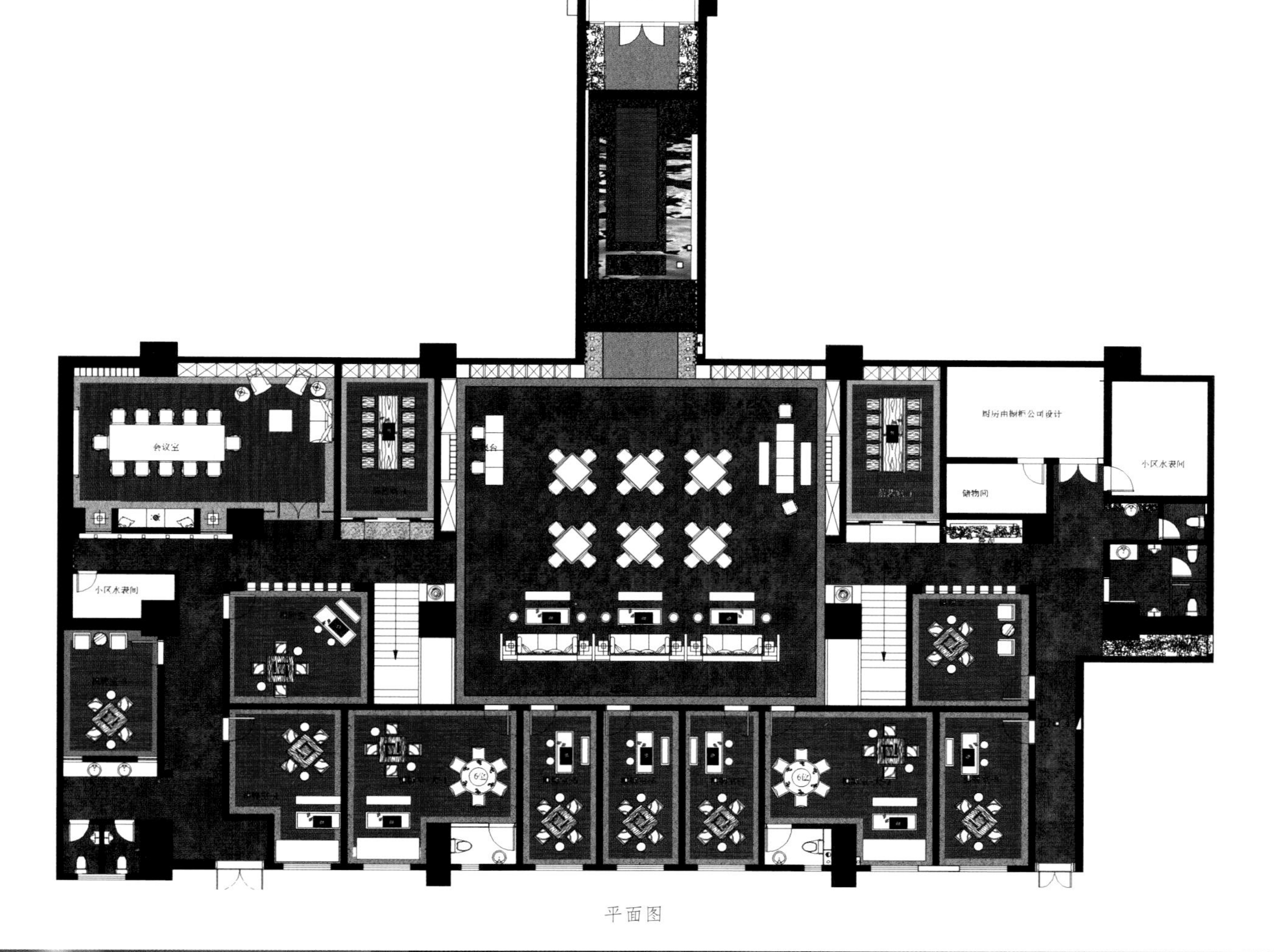

平面图

清香绿意，悦见悠然禅意。

门厅及长廊：

石者，天地之骨也，骨贵坚深而不浅露。

水者，天地之盘也，血贵周流而不凝滞。

设计师以“自然节奏”为主题，巧妙地以粗石、花草、枯木、竹子、水等。来对门面长廊进行创造性的设计。用具有明显形态特征和性质的天然材料，拼凑成一个自然放松的茶艺氛围，让人们从烦躁的世界走进幽兰小境。

茶艺大厅以含蓄清雅为主，设计以“微派”手法作为导向，以白色系为主色调来增加空间的明亮度，反射光线制造光源，木色花格、明式家具、绿竹、粗石、原木、憩息的鸟儿，无不体现出东方式的精神内涵和中国文化。大堂两侧过道，伴随着地下的烛光，昏暗中醒目的石墩，以及白色墙体上的“一花一世界，一树一菩提”营造出了朴实中带有艺术气息的宁静空间气氛，让原本光线昏暗的空间得到升华。

品敬雅室以简单、淳朴又不乏经典的设计手法，借一缕茗香营造了一方安稳平静、修身养性、品茗洗礼的雅室。

商务洽谈室则以禅意引入空间的概念做仿生设计，营造出回归自然、平静、空灵的空间内涵，让人远离外界干扰和浮躁，让人与人之间可以进行思想与情感的交流。

墨言

K 文化传承 Silver Award 银奖

设计单位：鸿扬家装
主创设计：刘卓

本案位于广西桂林市区一复式楼顶层，住户为大学教师，从事中国文化学术研究，此房屋为其生活居所。“桂林山水甲天下”，桂林有得天独厚的自然风光，本案对其加以合理利用，借景入室。大面积的落地窗设计，增加了室内采光的同时，也便于观赏到桂林风光。

本案风格为现代中式，基于传统建筑概念“规整、对称”的理论对整体布局采取了新的设计，摒弃了以繁杂的中式花格为主的装饰手法，采用了德国建筑师密斯 · 凡 · 德罗的“少就是多”的设计手法。由于本案为顶层别墅，视野开阔，采光充足，所以整个空间没有采用主灯，多采用筒灯进行晚间照明，以达到减少灯光污染、节约环保的目的。

整体家具采用黑白搭配的色调，开放漆的工艺使得家具在白色为主的空间里更具生命力，以强烈的对比度来突出空间品质和其独一无二的特性。局部的石头点缀，使室内空间与室外的山水呼应，产生了不一样的意境。

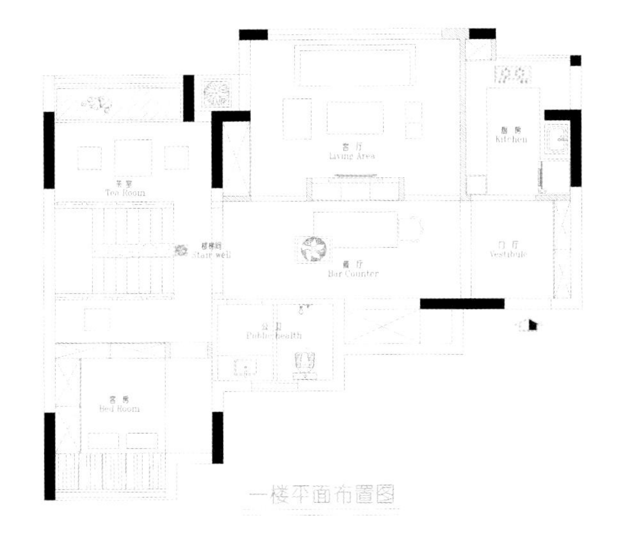
客厅
Living Area
厨房
Kitchen
茶室
Tea Room
楼梯间
Stair well
餐厅
Bar Counter
门厅
Vestibule
公卫
Public health
客房
Bed Room
一楼平面布置图

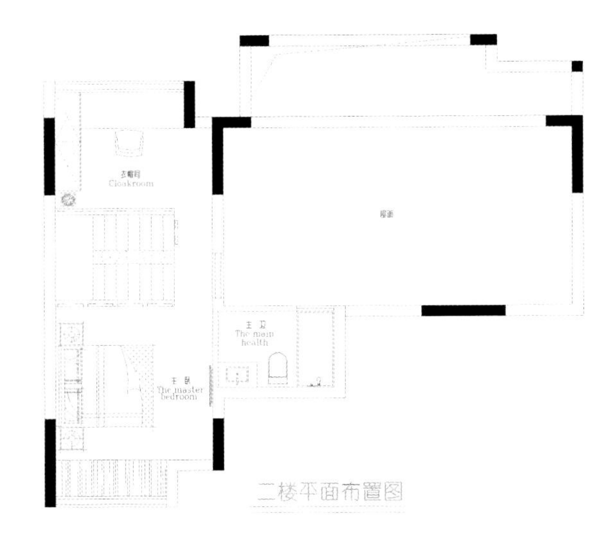
衣帽间
Cloakroom
屋面
主卫
The main health
主卧
The master bedroom
二楼平面布置图

K 文化传承 Silver Award 银奖

设计单位：福建国广一叶建筑装饰设计工程有限公司

主创设计：李超、江本智

方案审定：叶斌

项目地点：福建省福州市

竣工时间：2015.08

项目面积：1200m²

该项目位于福州金源大广场25层，为国广一叶装饰设计机构的主要办公场所之一。中式意境不但要有环境供养，更需精神文化的濡染。在本案中，琴棋书画、翰墨书香、茶庭禅境，都作为文化内容纳入整个空间的规划中，入门区宛如山脉连绵起伏的吊顶，极重文脉意蕴，使得空间中充满禅味，处处呈现出耐人寻味的内敛。

设计师将中式庭院的元素景观效果转移到室内，注重室内空间与园林的对话，做到步移景异，形成亲近自然、亲切、内涵多元的丰富空间。设计师赋予空间一种使身心都得到文化艺术熏陶的名门雅士的生活气息。

中国的山水画是中国人情思的沉淀，设计师将山水画也作为元素，运用在多个空间的吊顶、墙面中，浓墨重彩和云淡风轻所呈现出来的意境和韵味，让人宛如走入中国传统文化的殿堂，让人愿意驻足停留细细品味。

二十年·吾舍

K 文化传承 Bronze Award 铜奖

设计单位：优仕墅装
主创设计：谢江波
项目地址：湖南省邵阳市
设计时间：2015. 06
建筑面积：280m²
园林面积：300m²

离乡二十年，家中老宅早已破旧不堪，夯土墙瓦解殆尽，只剩下零碎的瓦片和一口孤零零的古井，让人百感交集，不胜唏嘘。今天我要重新建起儿时梦。

本案利用老宅现存可回收的旧砖弃瓦为材料，以保留较完整的古井为中心，重新构思“吾舍”，用部分可用的老家具点缀当代禅意空间，听它们诉说过去与现在。借用自然界的“光”与“水”为元素阐述建筑与自然的对话，从而探索空间与光、空间与水、空间与时间、空间与情感的可能性。建筑是捕捉光的容器，光给予建筑生命力，光线随着时间的变化在建筑的舞台上跳跃起舞，你能感觉得到空间在呼吸。斑驳的自然光透过古井庭院洒向室内，既模糊了室内外的界限，又连接了过去与现在。卧室顶部开槽设计，借用天光，让清晨第一缕阳光洒向床头，慢慢向着床尾的老式家具靠近，像日晷一样记录着岁月的变化，而老宅的砖瓦似乎还带有一丝青苔的清香。

整个建筑在水的倒映下，显得那么宁静，仿佛时光倒流二十年，回到童年的老房子。那是记忆中的故乡，没有都市的繁华与喧闹，也没有朝九晚五的匆忙，透着一种自在悠闲的淡淡韵味，却是故乡独有的味道。

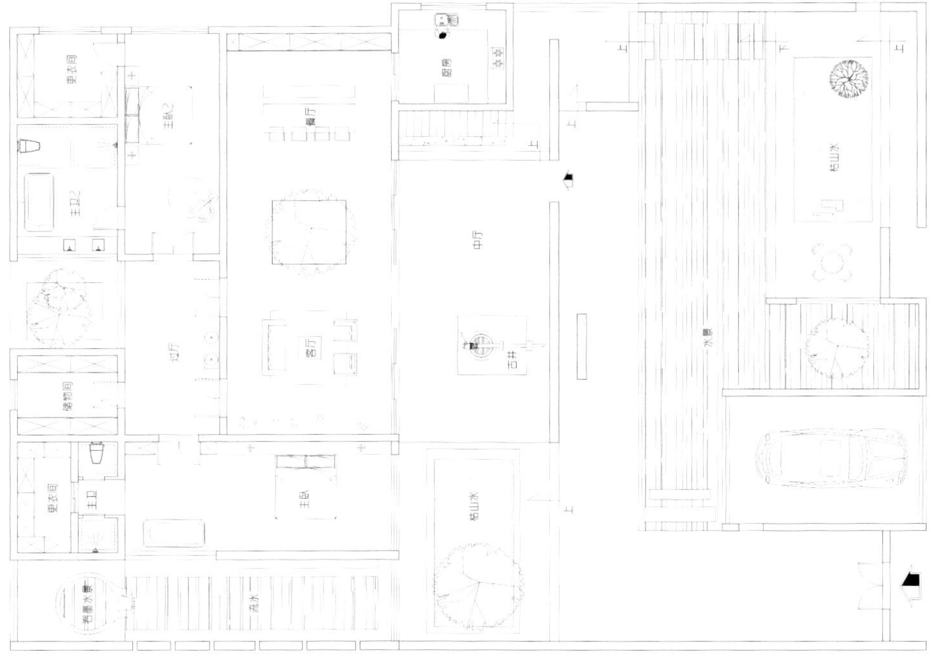

平面图

上善东方

K 文化传承 Bronze Award 铜奖

设计单位：湖南美迪装饰大宅设计院
主创设计：杨红波、彭恋
设计团队：EPIN 设计师事务所
项目地址：湖南省长沙市
项目面积：300m²
主要材料：金属板、原木、天然石材

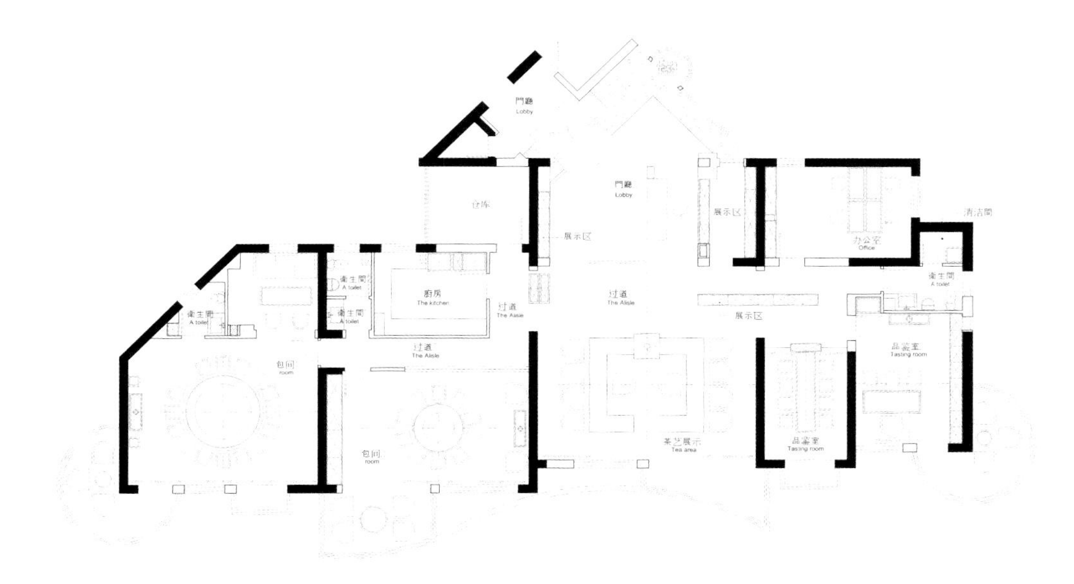

平面图

现在都市人生活节奏太快，私人空间太少，没有时间静下来与朋友相叙，思索和探讨一些问题。本案的设计初衷就是希望给人们营造一个静逸的会友空间，让都市人能够心态平和，淡定处世，托物寄怀，激扬文思，结交朋友，修身养性。

会所从整体的规划到陈设都融入了众多禅味元素，意在表达空间的静谧与深沉，即“禅茶一味”的概念。同时注重灯光明暗虚实的搭配，在选材上注重材质的粗糙与细腻的对比，进而凸显空间的自然与朴素。

通过一个方圆之间借景设计的创意隔断，来到会所大厅，偌大的空间在我们精心设计之下充满了想象，大气磅礴却严谨细致，煮茶的铜鼎和守护在它旁边的石狮，孕育着空间不可或缺的气度，也饱含了东方传统文化中禅的思维，上善若水，厚德载物。在这里，一曲琴音一杯香茗，静坐品茗，也是品人间百味。

因为会所定位为中高端人士商务洽谈、招待、休闲会友的场所，所以品茶室和包厢的空间设计重点在于表现出其儒雅大气、古朴典雅的特质，让人觉得处处精致但不张扬，文化韵味十足，仿佛如同一块璞玉，表面看似质朴无华，内里却暗香浮动，为懂得它的人带来惊艳之叹。

上善若水，泽被万物而不争名利，而茶文化更是东方文化的典型代表。本案旨在将“禅”的思维方式体现在室内空间，利用光的明、暗、虚、实等属性给室内带来充满变幻的视觉效果，最终表达出作为空间核心载体的“茶”是当下人们所向往和追求的一种文化，一种传承，一种生活。

茶

后院

L 生态环保 Bronze Award 铜奖

设计单位：长沙鸿扬家装
主创设计：蒋栋梁
参与设计：邱磊、江海鸥
项目地址：湖南省长沙市
项目面积：240m²
主要材料：清水混凝土、文化石水磨处理、废钢打磨处理、生态木本案位于长沙市万家丽中路湘运新村老社区，两户带院子的小平层打通做的建筑改造。项目业主是建材行业私企老板，对于本案的希望是建成一处可以放空，令人自由生活的环境，便于闲暇时偶住的一处小“别墅”。

本案原有的建筑本就是业主之前的老住宅，也许故事的开始就是出于对旧时的一份留恋吧。作为室内设计师，我们常常思考人与空间、空间与生活的关系，这是一个哲学命题，三者之间是相互交融的存在关系。不同的人文背景面对生活的态度存在不一样的情感表达。

对于项目本身，我考虑到室内外空间的交融渗透，采用切割法设置室内中庭、边庭与外庭，让空气及光线得以流通。从增设的门厅区开始，竖向架构的关系一直贯穿于整个空间。睡眠区设计“标新立异”，处理过程中难免受人非议，但这反倒让我陶醉其中。

被重新定义的后院架构表达了人与空间的对话关系，我赋予其一种重新审视生活的视角，在方寸中去体验生活的自由，敢于坦然面对一切。

对于空间序列关系来说，重要的是空间的认知体系而不是结构本身。当我们静下心来，空间、功能与人的关系便都自在胸中了。我喜欢简单、安静的事物，想把这份情感和室内空间设计结合起来。

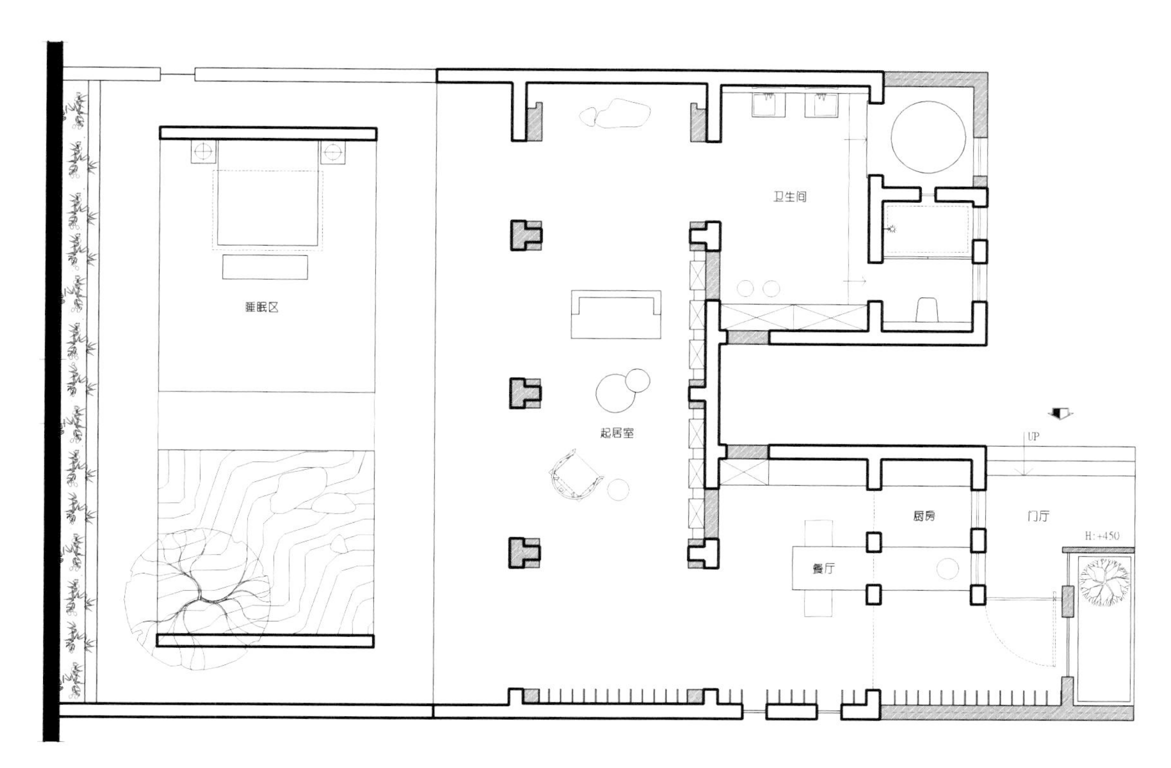

平面图

在水一方

L 生态环保 Bronze Award 铜奖

设计单位：鸿扬家装吴才松设计工作室
主创设计：吴才松
参与设计：吴才松设计工作室
项目地址：湖南省岳阳市
设计时间：2015. 05
项目面积：600m^2
主要材料：混凝土

一片稻田，一口鱼塘，一户人家。

方案对周围环境进行解析，将“建筑人家”用 100 根 300mm 方形混凝土柱子架空立于鱼塘中央，在水一方。占地 9 平方米，保证鱼塘的空间利用，建筑底部巧妙地形成鱼窝栖息区。“建筑人家”采用单层院落的方位结构，单个功能空间围绕成一个建筑院落，入口（门厅）及入口对角（主卧室）向外断开，其他功能空间封闭连接，内部空间形成一个半开放的庭院。这种结构形式保证了建筑自身的通风和采光，单层的高度也不影响稻田禾苗的光照，架空的结构不占用鱼塘土地。

室内空间没有使用浮华的材质，而是使用土质墙面来展示质朴的空间，使用条形窗结构营造空间氛围，用大面积落地窗连接室内与室外的关系。

入选奖

酒店会所工程类

江西宜春江湖禅语销售中心

设计单位：台湾大易国际设计事业有限公司

设计负责人：邱春瑞

酒店会所工程类

折面——世纪英豪健身会所

设计单位：洛阳红星郭是设计工程有限公司

设计负责人：李成保

酒店会所工程类

深圳得一轩会所

设计单位：深圳市元本室内建筑设计有限公司

设计负责人：乔辉

参与设计人：陈容 刘佳

酒店会所工程类

西安盛美利亚大酒店

设计单位：缔博室内设计咨询（上海）有限公司

设计负责人：Ms. Lydia Fong

酒店会所工程类

时光里销售体验馆

设计单位：大连纬图建筑设计装饰工程有限公司

设计负责人：刘国海

参与设计人：蔡斯瑜

酒店会所工程类

齐齐哈尔楼盘销售会所

设计单位：三亚富元装饰设计工程有限公司

设计负责人：富元

参与设计人：王晓婷

酒店会所工程类

上海 9 号会所

设计单位：广州市名典装饰工程有限公司
设计负责人：吴俊

酒店会所工程类

谦雅居——嘉华嘉爵园样板房

设计单位：广州市中海怡高装饰工程有限公司（上海）有限公司
设计负责人：叶颢坚
参与设计人：杨云 何丽华

入选奖

酒店会所工程类

浅田会馆

设计单位：惠风室内建筑设计有限公司

设计负责人：王宏凤

酒店会所工程类

舍尘

设计单位：潮宗御苑 B 栋 1005 湘苏建筑室内设计事务所

设计负责人：帅蔚 徐猛

参与设计人：陈昕昊 徐煦宏

餐饮工程类

壹粟·素餐厅

设计单位：成都之境内建筑设计咨询有限公司

设计负责人：廖志强 王孝宇

参与设计人：张静 陈全文

餐饮工程类

茶马谷道精品山庄

设计单位：古木子月空间设计事务所

设计负责人：李财赋

餐饮工程类

女王陛下英式奶茶

设计单位：宁波市禾公社装饰设计有限公司

设计负责人：胡秦玮

餐饮工程类

竹里居—莞香楼餐厅

设计单位：广州市道胜装饰设计有限公司

设计负责人：何永明

参与设计人：道胜设计团队

餐饮工程类

禅茶一味

设计单位：湖南美迪建筑装饰设计工程有限公司

设计负责人：程继星

餐饮工程类

井塘港式小火锅

设计单位：AOD 合作社创意机构

设计负责人：郑磊

餐饮工程类

OMG（欧买嘎）音乐餐吧

设计单位：福州世纪唐玛设计顾问有限公司
设计负责人：陈明晨
参与设计人：叶凌凌

餐饮工程类

随性

设计单位：王泽源设计事务所
设计负责人：王泽源

餐饮工程类

兰舍餐厅

设计单位：张明才 +GROUP 设计组合
设计负责人：张明才
参与设计人：韩文雅、石扬扬、杨雪、武欢、赵金靖

餐饮工程类

深圳茶室

设计单位：福州造美室内设计有限公司
设计负责人：李建光 黄桥
参与设计人：陈名新、李晓芳

餐饮工程类

小城故事，复古情怀

设计单位：福建东道建筑装饰设计有限公司

设计负责人：李川道

餐饮工程类

云小厨餐厅

设计单位：上瑞元筑设计顾问有限公司

设计负责人：冯嘉云

参与设计人：蔡文健、王凯

餐饮工程类

澳门制造餐厅

设计单位：上瑞元筑设计顾问有限公司
设计负责人：范日桥
参与设计人：李瑶、朱希

餐饮工程类

左邻右里餐厅

设计单位：上瑞元筑设计顾问有限公司
设计负责人：孙黎明
参与设计人：耿顺峰、陈浩

入选奖

餐饮工程类

余杭夏宴餐厅

设计单位：浙江亚厦装饰股份有限公司

设计负责人：王海波

参与设计人：何晓静、高奇坚

餐饮工程类

苏州市香雪海饭店（玉山路）

设计单位：苏州顾天城装饰设计有限公司

设计负责人：顾天城 董立惠

参与设计人：李书艳 丁磊 周世杰

餐饮工程类

本舍茶会所

设计单位：十上设计事务所

设计负责人：陈辉

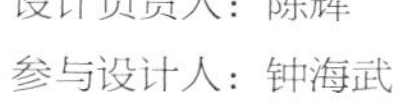

参与设计人：钟海武

餐饮工程类

D1 炉鱼

设计单位：豪思环境艺术顾问设计公司

设计负责人：王严钧

餐饮工程类

有嘢食

设计单位：徐代恒设计事务所
设计负责人：徐代恒
参与设计人：周晓薇

休闲娱乐工程类

余姚（囧）网吧

设计单位：宁波楝子室内设计事务所
设计负责人：徐栋

休闲娱乐工程类

西安天阙俱乐部建筑外立面及室内设计

设计单位：西安壹界建筑设计咨询有限公司

设计负责人：壹界设计

零售商业工程类

生活大师家具体验馆 B 馆

设计单位：大连纬图建筑设计装饰工程有限公司

设计负责人：赵睿

参与设计人：伍启雕 莫振泉 杨跃文

零售商业工程类

鹤壁朝歌利售楼处

设计单位：蓝色实业
设计负责人：李绮、张振刚
参与设计人：李铭 王明元 管商虎 杨献营 徐砚斌 朱林博

零售商业工程类

云南昆明东盟森林 E1 户型样板房

设计单位：5+2 设计（柏舍励创专属机构）
设计负责人：5+2 设计（柏舍励创专属机构）

零售商业工程类

铜锣湾广场甲级办公楼大堂

设计单位：柏舍设计（柏舍励创专属机构）
设计负责人：柏舍设计（柏舍励创专属机构）

零售商业工程类

中德英伦联邦 B 区 24 号楼 04 户型示范单位

设计单位：柏舍设计（柏舍励创专属机构）
设计负责人：柏舍设计（柏舍励创专属机构）

零售商业工程类

阳光里的样板房

设计单位：东莞市王评装饰设计有限公司
设计负责人：王评
参与设计人：高志辉

零售商业工程类

小即是美 B 户型 承载生活印记的小住宅

设计单位：山西一诺诺一设计顾问有限公司
设计负责人：赵鑫
参与设计人：索莉 田鑫 王莉

办公工程类

中国南方工业研究院一期工程室内精装修设计

设计单位：北方工程设计研究院有限公司

设计负责人：张景 刘义强

参与设计人：罗伟东 邢海文 高明磊 周玉凯 刘春美 刘小成

办公工程类

厦门照明设计中心办公室

设计单位：厦门铭筑设计装饰工程有限公司

设计负责人：张孝意

参与设计人：吴裕舜 张金喜

办公工程类

归 · 朴——某空间设计事务所

设计单位：洛阳红星郭是设计工程有限公司

设计负责人：李成保

办公工程类

世尊集团办公空间设计

设计单位：合肥尚本设计工作室

设计负责人：左斌

参与设计人：朱敏、刘海波

办公工程类

自然·而然

设计单位：广州大凡装饰设计机构

设计负责人：俞骏

办公工程类

新凯达大厦

设计单位：苏州金螳螂建筑装饰股份有限公司

设计负责人：孙艳

参与设计人：冯泽迁

办公工程类

三三建设匠人设计院

设计单位：合肥许建国建筑室内装饰设计有限公司
设计负责人：许建国
参与设计人：陈涛 刘丹

办公工程类

亿丰企业

设计单位：厦门一亩梁田设计顾问
设计负责人：曾伟坤
参与设计人：曾伟锋 李霖

办公工程类

Design Plus Office

设计单位：隐巷设计顾问有限公司

设计负责人：黄士华

参与设计人：刘福兴

办公工程类

杭州麦道置业办公空间

设计单位：浙江亚厦装饰股份有限公司

设计负责人：王海波

参与设计人：高奇坚 何晓静

办公工程类

无中生有

设计单位：鸿扬家装

设计负责人：段璟臻

办公工程类

来福士办公空间

设计单位：成都上界室内设计有限公司

设计负责人：李军

参与设计人：张德超

办公工程类

广东观复营造办公室室内设计

设计单位：广东观复装饰设计工程有限公司
设计负责人：吴尚
参与设计人：吴尚 邓耀文

文化展览工程类

摩曼壁纸布艺生活馆

设计单位：宁波楝子室内设计事务所
设计负责人：徐栋

入选奖

市政交通工程类

港珠澳大桥东西人工岛室内设计

设计单位：广东省建筑设计研究院

设计负责人：冯文成

参与设计人：楼冰拧 陈锦贵 宋国斌

教育医疗工程类

圣安口腔专科医院

设计单位：哈尔滨唯美源装饰设计有限公司

设计负责人：辛明雨

参与设计人：王健

教育医疗工程类

北京市第 35 中学

设计单位：中国建筑设计院有限公司

设计负责人：郭晓明 张栋栋

参与设计人：魏黎 郭林 曹阳

教育医疗工程类

寓趣于“色”

设计单位：福州多维装饰工程设计有限公司

设计负责人：谢智敏

住宅工程类

闲居安住

设计单位：南京北岩设计
设计负责人：于园
参与设计人：王宏穆

住宅工程类

和光沐景，悠然自居

设计单位：宁波市鄞州汉格装饰工程有限公司
设计负责人：卓稣萍
参与设计人：卓永旭 徐群莹 覃小莉

住宅工程类

千云合

设计单位：北京微美文化创意有限公司
设计负责人：赵树
参与设计人：盖玉芬 薛远洋 章玛琳 王洛童

住宅工程类

台北帝品苑

设计单位：权释设计
设计负责人：洪伟华 李冠莹

住宅工程类

默·片

设计单位：艺筑装饰

设计负责人：王莉莉 易颗阳

住宅工程类

漫时光，悠生活

设计单位：自定意——张韬设计工作室

设计负责人：张韬

参与设计人：吴宇修

住宅工程类

禅茶一体，勿忘初心

设计单位：福州华浔品味装饰

设计负责人：黄育波

住宅工程类

无为

设计单位：鸿扬家装

设计负责人：李艳 刘志华

概念创新方案类

W Tree

设计单位：广州市汤物臣肯文装饰设计有限公司

设计负责人：汤物臣·肯文创意集团

参与设计人：汤物臣·肯文创意集团

概念创新方案类

Blueker 海洋主题咖啡馆

设计单位：北京水木营造环境艺术设计有限公司

设计负责人：韦志钢

参与设计人：韦灵子

概念创新方案类

国宝银湖九溪

设计单位：洛阳米澜空间装饰工程有限公司
设计负责人：陈书义 刘伟兵
参与设计人：陈程意 张昱婷

概念创新方案类

青岛东方影都大剧院室内设计

设计单位：中国建筑设计院有限公司
设计负责人：曹阳
参与设计人：马萌雪 李毅 张洋洋 沈洋

概念创新方案类

郑州万科运动会所

设计单位：北京丽贝亚建筑装饰工程有限公司
设计负责人：David Perera 赵彩霞
参与设计人：王岳 孙湘蕾

概念创新方案类

佛山季华大厦写字楼

设计单位：佛山朗思室内设计有限公司
设计负责人：景友国 景友清
参与设计人：周振华 宋东坡

概念创新方案类

归巢

设计单位：湖南美迪建筑装饰设计工程有限公司
设计负责人：王鹏
参与设计人：周港

概念创新方案类

苍白的爱丽丝

设计单位：湖南点石装饰设计工程有限公司
设计负责人：向如
参与设计人：范鸣

概念创新方案类

卓越 E+ 创客空间

设计单位：上海缤视室内装饰设计有限公司
设计负责人：黄文彬
参与设计人：陈帆 黄亘元

概念创新方案类

天之手

设计单位：厦门市升龙设计装修工程有限公司
设计负责人：沙莎
参与设计人：叶昇

概念创新方案类

…云上

设计单位：鸿扬家装
设计负责人：谢志云

概念创新方案类

时空

设计单位：鸿扬家装
设计负责人：杨君

入选奖

概念创新方案类

坐相

设计单位：鸿扬家装
设计负责人：傅一
参与设计人：杨君

概念创新方案类

静域

设计单位：鸿扬家装
设计负责人：赵文杰

概念创新方案类

雅昌艺术中心办公空间

设计单位：北京筑邦建筑装饰工程有限公司
设计负责人：董强 张磊 林涛
参与设计人：虞楠

概念创新方案类

瑞蚨祥世纪金源线下体验店

设计单位：NM DESIGN
设计负责人：苗剑飞 温明
参与设计人：卫栋泽 耿春艳 张蕊 刘吉 桂秀秀

概念创新方案类

Jozoe 办公空间

设计单位：厦门市玖兆联合装饰设计工程有限公司
设计负责人：王启涛

概念创新方案类

尚筑

设计单位：美迪赵益平设计事务所
设计负责人：唐桂树
参与设计人：汤健 徐一龙

概念创新方案类

我所居住的地方

设计单位：鸿扬家装
设计负责人：吴才松
参与设计人：胡锦文 刘明

概念创新方案类

坦桑尼亚达累斯萨拉姆 MNF 广场

设计单位：中国中元国际工程有限公司
设计负责人：王群 陈亮
参与设计人：张凯 孙博 王艳洁 孙小铭 赵颖 吴漫

概念创新方案类

顺盟科技

设计单位：无锡市发现之旅装饰设计有限公司
设计负责人：孙传进
参与设计人：胡强 陈以军 何海滨

概念创新方案类

翠 · 丛林 SPA

设计单位：无锡市发现之旅装饰设计有限公司
设计负责人：孙传进
参与设计人：胡强 陈以军 何海滨

文化传承方案类

嘉道礼酒店室内外装饰设计方案

设计单位：贝诺室内外装饰设计工程（深圳）有限公司

设计负责人：易勇

文化传承方案类

凝融

设计单位：深圳市大成哲匠装饰设计工程有限公司

设计负责人：黄昆龙 方晓华

参与设计人：陈少安 康松彬

文化传承方案类 心空间

设计单位：湖南美迪装饰设计工程有限公司

设计负责人：杨凯

参与设计人：贺立红 王良斌 郑明德 堂博

文化传承方案类 天门产业城展馆

设计单位：福州宽北装饰设计有限公司

设计负责人：郑杨辉 黄友磊

文化传承方案类

无一物

设计单位：湖南点石装饰设计工程有限公司
设计负责人：占泽龙
参与设计人：占泽龙

文化传承方案类

观澜一品售楼处

设计单位：湖南美迪建筑装饰设计工程有限公司．丁明设计事务所
设计负责人：丁明
参与设计人：魏果松

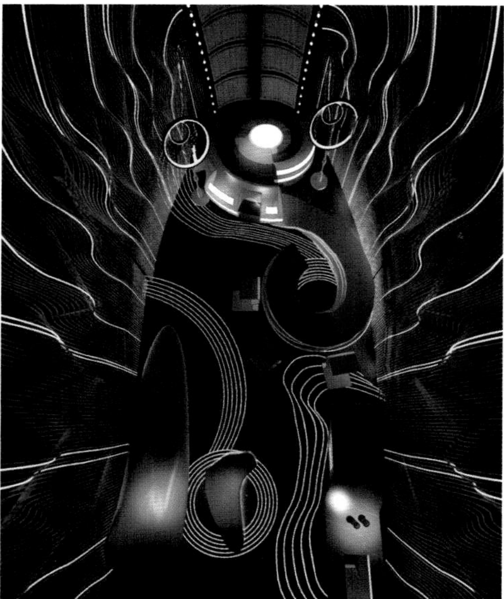

文化传承方案类

安徽百戏城建设项目室内设计

设计单位：中国建筑设计院有限公司
设计负责人：顾建英
参与设计人：李晨晨 张明晓 谈星火 曹阳 魏黎 张栋栋 张秋雨 沈洋

文化传承方案类

蛹 · 艺术中心

设计单位：宁波品上品牌设计有限公司
设计负责人：李一
参与设计人：乔大伟 曹献慧

文化传承方案类

青云艺术酒店

设计单位：北京弘洁建设集团有限公司

设计负责人：吴学业

参与设计人：王子腾 洪文浩

文化传承方案类

北大资源阅城书吧体验区

设计单位：赛拉维室内装饰设计（天津）有限公司

设计负责人：王少青

文化传承方案类　楚风 · 观隐

设计单位：湖南美迪建筑装饰设计工程有限公司

设计负责人：周港

参与设计人：熊雄

文化传承方案类　湖南省湘潭昭山古寺建筑外立面及室内设计

设计单位：西安壹界建筑设计咨询有限公司

设计负责人：壹界设计

文化传承方案类

太原图书馆扩建项目

设计单位：中国建筑设计院有限公司
设计负责人：韩文文 饶劢
参与设计人：高川 顾大海 李申 郭林 张哲婧

文化传承方案类

窥世

设计单位：鸿扬家装
设计负责人：贺丹

文化传承方案类

十方一念

设计单位：鸿扬家装
设计负责人：张月太
参与设计人：吴丽丽

文化传承方案类

雅境

设计单位：鸿扬家装
设计负责人：赵文杰

文化传承方案类

归隐泉林

设计单位：鸿扬家装

设计负责人：谢志云 李明

文化传承方案类

品书院

设计单位：美迪赵益平设计事务所

设计负责人：赵益平

参与设计人：唐亮 李沛

文化传承方案类

丽江大研月隐客栈

设计单位：中国美术学院国艺城市设计研究院
设计负责人：王海波
参与设计人：王一 朱光毅 龚玉杰 刘小青

文化传承方案类

南通港闸万达电影城项目

设计单位：中外建工程设计与顾问有限公司
设计负责人：吴矛矛
参与设计人：王恒武 苗壮

文化传承方案类

窨乡映湘

设计单位：湖南东木大凡空间设计工程有限公司

设计负责人：吕迅 易伟

文化传承方案类

包容与守望

设计单位：华浔品味装饰

设计负责人：黄育波

生态环保方案类

小胜轩日式拉面館

设计单位：广州赖师庭设计事务所
设计负责人：赖师庭

生态环保方案类

盒子世界

设计单位：山东英才学院
设计负责人：孙艳

生态环保方案类

杭州素业茶苑

设计单位：尚层装饰（北京）有限公司杭州分公司

设计负责人：黄通力

生态环保方案类

爱婴房月子中心

设计单位：福州宽北装饰设计有限公司

设计负责人：郑杨辉

参与设计人：周少瑜

生态环保方案类

富阳花园

设计单位：洛阳米澜空间装饰工程有限公司
设计负责人：陈书义
参与设计人：陈程意

生态环保方案类

观澜听风

设计单位：湖南株洲随意居杨威设计事务所
设计负责人：吴渊 岳利

生态环保方案类

微城

设计单位：湖南长沙点石家装罗旭工作室
设计负责人：罗旭
参与设计人：姚璨璨

生态环保方案类

嘉兴第一医院老年康复中心

设计单位：浙江典尚空间装饰工程有限责任公司
设计负责人：薛燕生 李勇勤
参与设计人：万运 杨晋

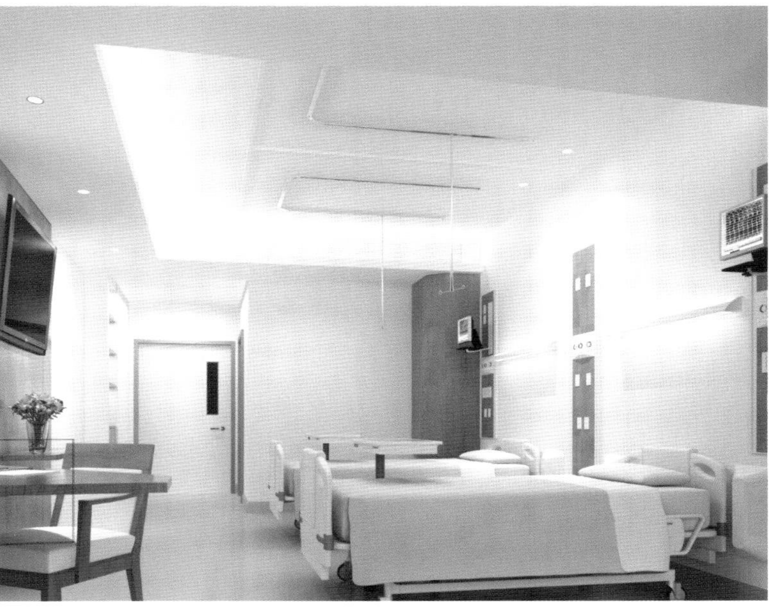

生态环保方案类 中元国际工程设计研究院设计科研楼

设计单位：中国中元国际工程有限公司
设计负责人：丁建、孙宗列
参与设计人：陈亮 姜晓丹 赵颖 张凯

新秀奖 汉军 · 五象一号空中体验馆

设计单位：广东星艺装饰集团广西有限公司
设计负责人：张祖金 郝建勋
参与设计人：许银川 黄尚 戚雅楠

新秀奖

谧居

设计单位：福建省漳州市芗城区金木匠装饰设计有限公司

设计负责人：黄银来、谢佩玲

参与设计人：张枝明、曾友超、江嘉斌

新秀奖

援蒙古残疾儿童发展中心

设计单位：中国中元国际工程有限公司

设计负责人：赵颖

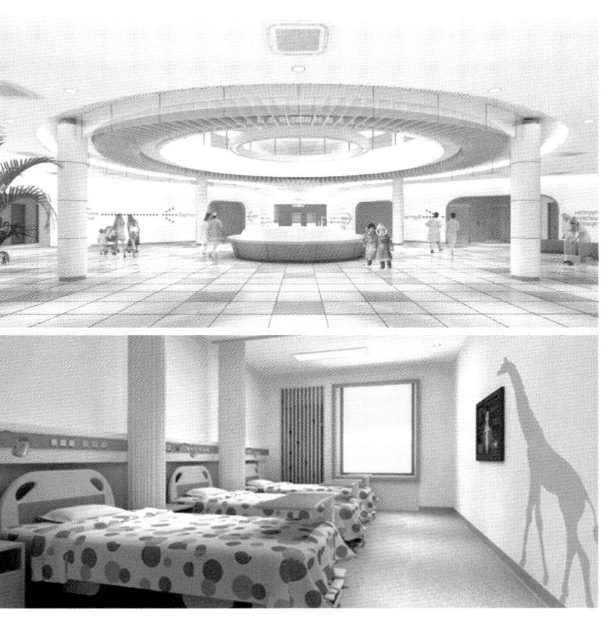

最佳设计企业奖

◇ 鸿扬家装

知入	金奖
墨言	银奖
静 · 居	铜奖
后院	铜奖
在水一方	铜奖
无为	入选奖
…云上	入选奖
时空	入选奖
坐相	入选奖
静域	入选奖
我所居住的地方	入选奖
窥世	入选奖
十方一念	入选奖
雅境	入选奖
归隐泉林	入选奖
无中生有	入选奖

◇ 尚层装饰（北京）有限公司杭州分公司

杭州素业茶苑	入选奖

◇ 设计集人

TUVE	金奖
SILVER ROOM	金奖

◇ 大连纬图建筑设计装饰工程有限公司

葫芦岛食屋私人餐厅	银奖
悦读书吧	铜奖
生活大师家具体验馆 A 馆	铜奖
生活大师家具体验馆 B 馆	入选奖
时光里销售体验馆	入选奖

◇ 美迪赵益平设计事务所

筑室	银奖
上善东方	铜奖
品书院	入选奖
尚筑	入选奖

◇ 中国建筑设计院有限公司

北京市第 35 中学	入选奖
青岛东方影都大剧院室内设计	入选奖
安徽百戏城建设项目室内设计	入选奖
太原图书馆扩建项目	入选奖

◇ 河南蓝色实业有限公司

煜丰美食	铜奖
微派艺术馆	铜奖
鹤壁朝歌利售楼处	入选奖

◇ 广州市道胜装饰设计有限公司

PINKAH 品家展厅	金奖
竹里居——莞香楼餐厅	入选奖

◇ 湖南美迪建筑装饰设计工程有限公司

墨言	铜奖
观澜一品售楼处	入选奖
禅茶一味	入选奖
归巢	入选奖
楚风 · 观隐	入选奖
心空间	入选奖

◇ 权释设计

窗映窗	银奖
宽心好居	银奖
台北帝品苑	入选奖

◇ 深圳市大成哲匠装饰设计工程有限公司

领地健身俱乐部	银奖
素禅	银奖
凝融	入选奖

◇ 中国中元国际工程有限公司

坦桑尼亚达累斯萨拉姆 MNF 广场	入选奖
援蒙古残疾儿童发展中心	入选奖

◇ 北京丽贝亚建筑装饰工程有限公司

TIME PARTY	银奖
郑州万科运动会所	入选奖